1245 004-5

# DIE EISENBAHN IN ÖSTERREICH

1044 041-0

Klaus-J. Vetter

# DIE EISENBAHN IN ÖSTERREICH

## Geschichte, Strecken, Lokomotiven

GeraMond

Produktmanagement:
Thomas Hanna-Daoud,
Michael Dörflinger

Satz:
Imprint Ilona Külen, Zusmarshausen
Repro:
Scanner Service

Umschlaggestaltung:
Büroecco Kommunikationsdesign unter Verwendung von Bildern von Wolfgang Kaiser (lo), Slg. A. Knipping (ro) und Tobias Vanicek (u)
Umschlagrückseite: Markus Niedt
Bild S. 2: Wolfgang Kaiser

Herstellung:
Thomas Fischer
Printed in Italy by Printer Trento S. r. l.

Alle Angaben dieses Werkes wurden von den Autoren sorgfältig recherchiert und auf den aktuellen Stand gebracht sowie vom Verlag geprüft. Für die Richtigkeit der Angaben kann jedoch keine Haftung übernommen werden. Für Hinweise und Anregungen sind wir jederzeit dankbar. Bitte richten Sie diese an:

GeraMond Verlag
Lektorat
Innsbrucker Ring 15
D-81673 München
e mail: lektorat@geramond.de

Die Deutsche Nationalbibliothek – CIP Einheitsaufnahme
Ein Titeldatensatz für diese Publikation ist bei der
Deutschen Nationalbibliothek erhältlich.


ISBN 978-3-7654-7092-9

# Inhalt

Die berühmteste Stelle der Brenner-Bahn ist die Schleife bei St. Jodok. Im Juli 1981 rollt eine 1044 mit dem TEE 84 „Mediolanum“ Mailand – München talwärts G. Wagner

EUROP
EXPRESS

Hoch über der Burg Falkenstein schleppen eine 1042 und eine 1043 im Juli 1984 einen Güterzug durch die österreichischen Alpen. Die Tauern-Bahn Schwarzach-St. Veit – Spittal-Millstättersee besitzt etliche solcher waghalsigen neuen Brücken. T. Wunschel

### ■ Das aktuelle Eisenbahnnetz Österreichs

# Die Strecken im Überblick

**Wien West, März 2005: Taurus-Ellok 1116.200 mit Werbung „150 Jahre Semmering" und IC 644** W. Kaiser

**Österreichs Bahnnetz 2006; stillgelegte Strecken sind nicht berücksichtigt** Karte: C. Rolle

TSCHECHIEN
SLOWAKEI
UNGARN
SLOWENIEN
ÖSTERREICH
Brno
České Budějovice
Plöckenstein 1379
Aigen-Schlägl
Passau
Donau
Schärding
Aschach a.d.Donau
Linz Urfahr
Linz
Neumarkt-Kalham
Eferding
Haag am Hausruck
Wels
Lambach
Attnang-Puchheim
Vöcklabruck
Vorchdorf-Eggenberg
Gmunden Seebahnhof
Kammer-Schörfling
Gmunden
Attersee
Grünau im Almtal
Bad Ischl
Steyr
Horni Dvořiště
České Velenice
Gmünd NÖ
Litschau
Waldkirchen a.d.Thaya
Heidenreichstein
Raabs
Drosendorf
Znojmo
Schwarzenau
Zwettl
Groß Gerungs
Sigmundsherberg
Retz
Zellerndorf
Laa a.d.Thaya
Poysdorf
Břeclav
Hohenau
Mistelbach
Sulz
Zistersdorf
Gaweinstal
March
Gänserndorf
Krems a.d.Donau
Absdorf-Hippersdorf
Stockerau
Korneuburg
Tulln
Martinsberg-Gutenbrunn
Wien
Engelhartstetten
Bratislava
Orth a.d. Donau
Wolfsthal
Herzogenburg
St.Pölten
St.Valentin
Amstetten
Wieselburg a.d.Erlauf
Pöchlarn
Traisen
Baden
Mannersdorf
Neusiedl am See
Neusiedler See
Győr
Ebenfurth
Loebersdorf
Freiland
Türnitz
Gutenstein
Kienberg-Gaming
Gresten
Waidhofen a.d.Ybbs
Enns
Ybbsitz
Lunz am See
Markt St.Aegyd am Neuwalde
Puchberg a.Schneeberg
Schneeberg 2076
Wiener Neustadt
Sopron
Kastenreith
Mariazell
Hirschwang
Payerbach-Reichenau
Hochschwab 2277
Neuberg Ort
Mürzzuschlag
Semmering
Hieflau
Selzthal
Präbichl
Kapfenberg
Hochwechsel 1743
Friedberg
Oberloisdorf
Köszeg
Fertőszentmiklós
Dachstein 2995
Stainach-Irdning
Bruck a.d.Mur
St.Erhard
Birkfeld
Rechnitz
St.Michael
Leoben
Mixnitz-Bärenschützklamm
Budapest
Szombathely
Hochgolling 2863
Pöls
Übelbach
Peggau-Deutschfeistritz
Weiz Stadt
Unzmarkt
Zeltweg
Mauterndorf
Tamsweg
Gleisdorf
Köflach
Graz
Mur
Tunnel
Hochalmspitze 3360
Feldbach
Fehring
Szentgotthárd
Lieboch
Stainz
Pöckstein-Zwischenwässern
Bad Gleichenberg
Spittal-Millstättersee
Wolfsberg
Preding-Wieselsdorf
Spielfeld-Straß
Bad Radkersburg
St.Veit a.d.Glan
Launsdorf-Hochosterwitz
St.Paul
Wies-Eibiswald
Drau
Villach
Rosenbach
Klagenfurt
Bleiburg
Dravograd
Maribor
Arnoldstein
Karawanken-Tunnel
Tarvisio-Boscoverde
Jesenice
Grintovec 2558
Ljubljana
12
13
14
15
16
17
18
19
20
21
22
23
24
25
26
27
28
29
30
31
32

■ Die Strecke Budweis – Linz – Gmunden

# Die Erste auf dem Kontinent

*Von Böhmen nach Oberösterreich führte die erste öffentliche Eisenbahn auf dem europäischen Festland. Die Pferdebahn ging im Jahr 1832 in Betrieb; noch heute gibt es viele Relikte*

Das Salz gab den Ausschlag. Seit dem 17. Jahrhundert wurde das kostbare Gut mühselig zwischen Oberösterreich und Böhmen transportiert: von den Sudhütten des Salzkammerguts zunächst über die Traun zu den bei Linz und Mauthausen an der Donau gelegenen Umschlageplätzen, dann von den „Salzbauern" mit Fuhrwerken auf dem Landweg durch das Mühlviertel über die Wasserscheide nach Budweis. Diese Stadt war der zentrale Salzstapelplatz in Böhmen. Von dort erfolgte die Verteilung des „weißen Goldes" zu Wasser und zu Land nach Süd-, West- und Nordböhmen. Anfang des 19. Jahrhunderts ging man daran, die Beförderung zu verbessern.

## Pferdebahn statt Wasserkanal

1807 entstand die böhmisch-hydrotechnische Privatgesellschaft, welche die Transporte durch Bau einer Wasserstraße vereinfachen wollte. Zu dieser Zeit betrug die von der Donau nach Budweis transportierte Salzmenge jährlich rund 16.000 Tonnen. Hunderte von

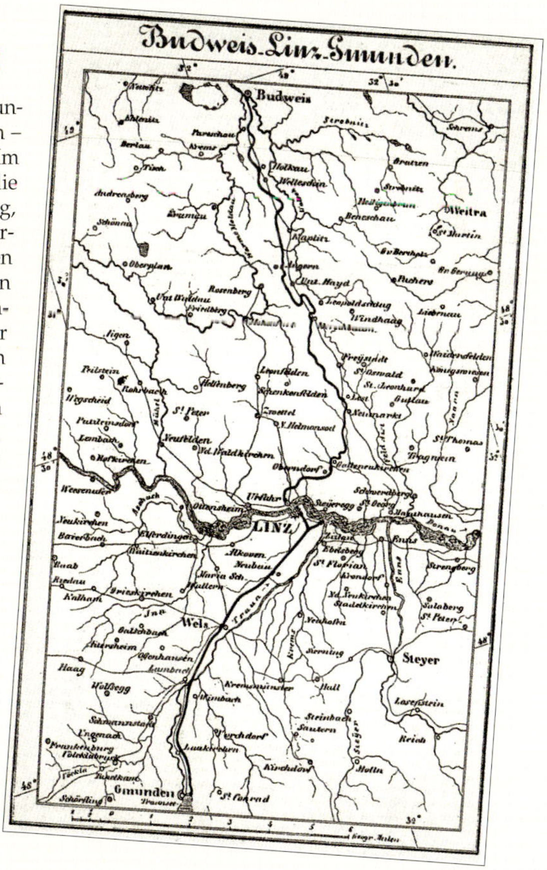


**LINKS Obwohl vorrangig für den Güterverkehr gedacht, transportierte die Pferdebahn von Anfang an auch Personen**

**LINKS So stellte sich der Unterbau der ersten öffentlichen Eisenbahn in Kontinentaleuropa dar**

**Slg. T. Wunschel (3)**

Fuhrwerken waren hier täglich unterwegs, drei Tage nach Budweis und zwei Tage in der Gegenrichtung. Der von der Gesellschaft als technischer Berater eingesetzte Professor für Mechanik und Mathematik an der Technischen Lehranstalt in Prag, Franz Josef von Gerstner, kam jedoch zu dem Ergebnis, dass der Kanalbau technisch schwierig und wirtschaftlich nicht vertretbar sei. Stattdessen schlug er den Bau einer Pferdebahn vor. Nach seinen Berechnungen war der Transport auf der Schiene achtmal effizienter als auf der Straße.

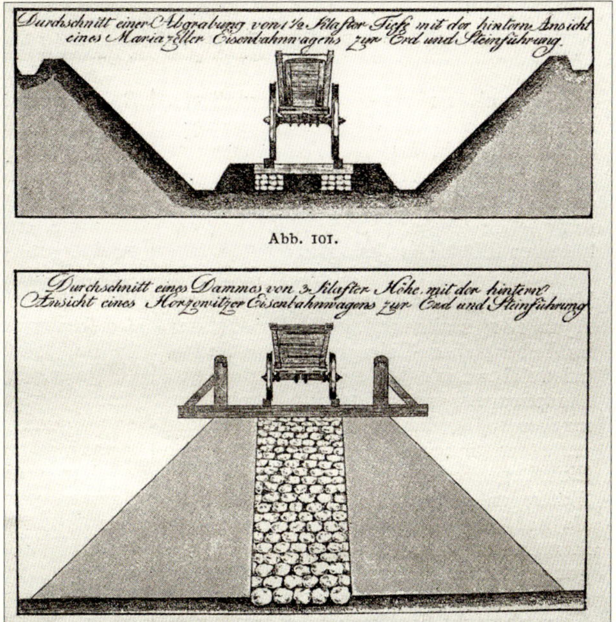

Abb. 101.

Abb. 102. [Nach Originaldarstellungen aus dem Jahre 1827.]

Das war zwar zu optimistisch veranschlagt, doch die Gesellschaft folgte der Idee. Die napoleonischen Kriege und deren Folgen verzögerten das Vorhaben; 1820 dann erhielt der Sohn F. J. v. Gerstners, Franz Anton von Gerstner, von der Wiener Kommerz-Hofkommission den Auftrag, die Arbeit fortzuführen. Nach einer Studienreise zu den englischen Bahnen begann er 1825 als Bauleiter der k.k. privilegierten Ersten Eisenbahngesellschaft mit der Errichtung der Nordrampe von Budweis bis Pramhöf. Kostenüberschreitungen, geringere Leistungsfähigkeit als erwartet, Frachtmangel und Boykott durch die Salzbauern, die das Teilstück weder pachten noch der Bahn das Salz anliefern wollten, erschütterten jedoch das Vertrauen der Gesellschafter in die Rentabilität des Unternehmens. Gerstner, der für weitere Investitionen zur Einrichtung des Lokomotivbetriebs warb, wurde abgelöst. Sein Schüler Matthias Schönerer baute schließlich unter Beachtung größter Kostenersparnis bei der Trassierung die Südrampe bis Linz. Der durchgehende Personen- und Güterverkehr auf der insgesamt 129 Kilometer langen Strecke mit einer Spurweite von 1.106 Millimetern wurde am 1. August 1832 eröffnet. Es war die erste öffentliche Eisenbahn auf dem europäischen Festland überhaupt!

Bald zeigte sich, dass für einen wirtschaftlichen Betrieb der Pferdeeisenbahn die Fortsetzung der Strecke von Linz über Lambach nach Gmunden am Traunsee unerlässlich war. Der Bau des 68 Kilometer langen Abschnitts begann 1834 und dauerte zwei Jahre. Die Fahrgastzahlen und die Gütertransporte auf dieser Linie entwickelten sich noch besser als erwartet und brachten den Gesellschaftern endlich die prognostizierte Rendite. Trotz des viel zu schwachen Oberbaus, der immer wieder zu Schienenbrüchen führte, wurde hier 1855/56 auf Lokomotivbetrieb umgestellt, wogegen auf der Budweiser Linie wegen der zu engen Radien weiter mit Pferden gefahren werden musste.

## Die Westbahn übernimmt

Probleme entstanden mit den Planungen für den Bau der Westbahn Wien – Salzburg Mitte des 19. Jahrhunderts. Im Abschnitt Linz – Gmunden hatte die Pferdebahngesellschaft das Privileg, allein eine Bahnlinie betreiben zu dürfen. Nach längeren Verhandlungen erwarb die Kaiserin-Elisabeth-Bahn schließlich 1857 alle Gesellschaftsanteile und verpflichtete sich, neben der Strecke Linz – Lambach bis 1874 auch die Strecke Linz – Budweis in Normalspur (1.435 Millimeter) für den Dampflokbetrieb neu zu errichten. Wegen der ungewöhnlichen Spurweite und der ungünstigen Trassierung konnte man die vorhandenen Gleisanlagen nicht in das Eisenbahnnetz integrieren. Die Linie Lambach – Gmunden blieb als schmalspurige Nebenbahn bestehen und wurde erst 1903 auf Normalspur umgebaut.

Mit der Inbetriebnahme der neuen Strecken endete am 15. Dezember 1872 der Pferdebahnbetrieb, die Gleisanlagen wurden abgetragen. Viele Dämme, Einschnitte, Durchlässe und Widerlager der Holzbrücken sind jedoch heute noch erhalten, auch einige Wächterhäuser und Bahnhofsgebäude stehen noch. Auf und entlang der alten Trasse gibt es zwischen Bujanov (Tschechien) und St. Magdalena (bei Linz) einen 76 Kilometer langen ausgeschilderten Pferdeeisenbahnwanderweg. In Kerschbaum wurden 500 Meter Pferdebahnstrecke nachgebaut, außerdem befindet sich dort in den ehemaligen Stallungen ein Museum. Von der dampfbetriebenen Gmundener Strecke sind unter anderem einige Fahrzeuge erhalten geblieben, die später im Hausruck auf einer Kohlenbahn mit derselben Spurweite zum Einsatz kamen. Sie wurden 2006 in Ampflwang auf der oberösterreichischen Landesausstellung „Kohle & Dampf" gezeigt.

THOMAS WUNSCHEL

**Die Strecke führte zuerst von Budweis (heute Č. Budejovice) bis Linz und wurde später bis Gmunden verlängert**

■ Bahnbetrieb in Österreich

# Berge, Täler,

*Mehr als die Hälfte der heutigen Republik Österreich liegt in den Alpen. Sie fordern seit jeher die Eisenbahn heraus. Doch der Bahnbetrieb des Landes hat auch andere Seiten: Flachlandstrecken, Großstadtverkehr, romantische Nebenbahnen*

UNTEN Nicht nur atemberaubende Bergwelt findet man in Österreich – entlang der Donau gibt es auch liebliche Weingegenden. Im Juni 1986 ist Triebwagen 5046.215 bei Spitz an der Donau unterwegs U. Kandler

# Ebenen

GR. FOTO Eine der bedeutenden Strecken durch die Alpen ist die Tauernbahn; sie verbindet Schwarzach-St. Veit mit Villach. Am 5. Mai 1927 klettert Dampflok 80.968 mit ihrem Zug bei Hofgastein bergwärts; acht Jahre später fährt man hier elektrisch
J. Stögermayer/Slg. G. Schütze

Zahlreiche Schmalspurbahnen erschließen ab Ende des 19. Jahrhunderts entlegene Regionen in Österreich. Zuerst sind sie für den An- und Abtransport von Wirtschaftsgütern gedacht. Später locken sie auch Urlauber und Eisenbahnfans an. Im Bild der Endbahnhof Klaus der Steyrtalbahn in den frühen 60er-Jahren; links die Normalspurgleise der Pyhrnbahn Linz – Selzthal Dr. P. E. Kristl/Slg. T. Wunschel

Einige Schmalspurbahnen erhielten in den letzten Jahren neue Fahrzeuge: Markant ist etwa der „Salamander"-Triebwagen der Schneebergbahn, hier im frühlingshaften Schneebergdörfl R. Lillich

# Schmalspurparadies Österreich – gestern und heute

Die 1020 – Übernahme bzw. Nachbau der deutschen E 94 – und die 1044 sind in den 80er-Jahren Standard im Alpenverkehr. In der abendlich erleuchteten Zugförderungsleitung Innsbruck haben 1020.09 und eine 1044 am 29. Dezember 1982 Pause G. Wagner

UNTEN Heute dominiert der „Taurus“ den Bahnbetrieb in Österreich. Die moderne Elektrolok fährt aktuell mit 332 Stück bei den ÖBB – und darüber hinaus bei vielen Privatbahnen (Zettelübergabe in Kufstein, Februar 2002) M. Hinzmann

UNTEN Für die deutschen Kriegsloks der Baureihe 52 und etliche andere Dampfloktypen haben die ÖBB noch lange Zeit Verwendung. Die Dampftraktion auf Normalspur endet – wie in Westdeutschland – in den 70er-Jahren (Aufnahme im Bahnhof Hieflau) H. Stemmler

GR. FOTO Der Elektrotriebwagen 4010 ist in den 60er- bis 80er-Jahren das Aushängeschild der ÖBB. Er fährt renommierte internationale Leistungen wie den „Transalpin" Wien – Basel, aber auch Schnellzüge im Inland. Als Expresszug 191 ist 4010.21 im Juli 1983 auf der Tauernbahn unterwegs, hier auf der Lindischgrabenbrücke G. Wagner

Die Entwicklung der Bahn

# Von „k.u.
# bis ÖBB

*In kaum einem Land ist die Geschichte der Eisenbahn so sehr mit der des Staates definierten auch das Geschehen auf der Schiene immer wieder neu. Heute steht*

n Österreich

k."

60 Jahre Entwicklung liegen zwischen den beiden Maschinen, die 1908 auf dem Wiener Nordbahnhof nebeneinander ausgestellt werden: links die Lokomotive „Ajax" der Kaiser-Ferdinands-Nordbahn, rechts die nagelneue 1'C2'-Schnellzuglok 210.01 der kaiserlich-königlichen österreichischen Staatsbahnen
Gebr. Hardy/Slg. T. Wunschel

*verwoben wie in Österreich. Neue Grenzziehungen und neue Machtverhältnisse die Bahn im Zeichen von ökonomisch diktierten Reformen*

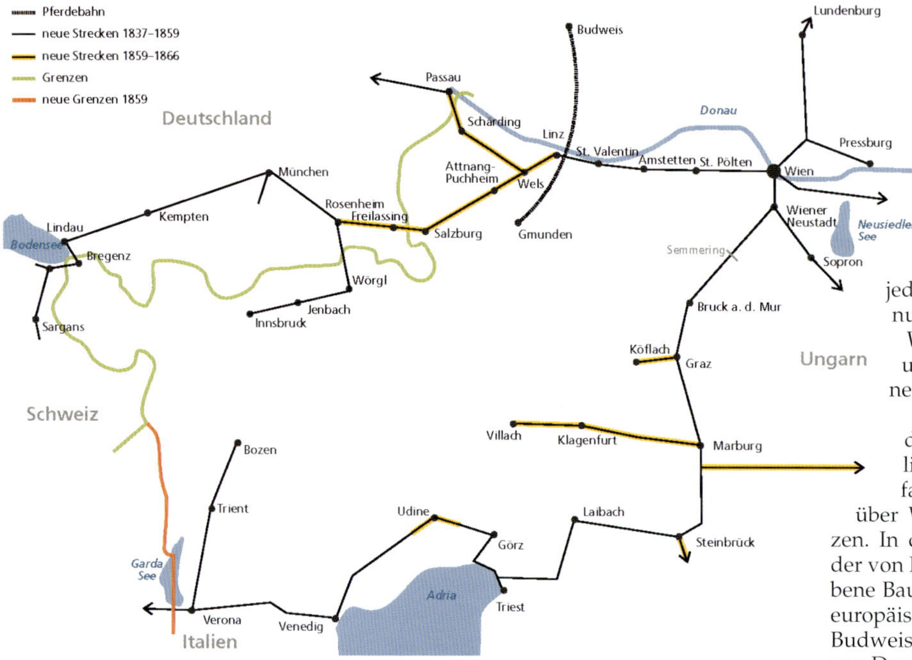


**Österreich im zweiten Drittel des 19. Jahrhunderts: Nordbahn, Südbahn und Westbahn verbinden Wien mit Schlesien, Oberitalien, Ungarn und Bayern** R. Miller/A. Knipping

Wer sich mit Österreichs Eisenbahngeschichte beschäftigt, kommt an der politischen Geschichte des Landes nicht vorbei. Beide waren mehr als 100 Jahre lang eng miteinander verbunden. Die Anfänge der Eisenbahn reichen in die Epoche nach den napoleonischen Kriegen zurück. Zu der vom Hause Habsburg regierten österreichisch-ungarischen Monarchie gehörten in jener Zeit, ab 1815, außer dem Gebiet der heutigen Republik Österreich auch die Territorien der heutigen Staaten Tschechien, Slowakei, Ungarn, Slowenien und Kroatien sowie erhebliche Teile der heutigen Länder Italien, Polen, Ukraine, Rumänien und Serbien. Alle diese Regionen wurden in den Bahnbau einbezogen.

## Beginn mit einer Pferdebahn

Nachdem in England die Eisenbahn erste Erfolge gefeiert hatte, erblühten auch in der Donaumonarchie Ideen zu einer Nutzung dieses Verkehrsmittels. Von den vielen Vorschlägen gingen jedoch nur wenige in reale Planungen über, war es doch mit der Wirtschaftskraft des Landes und der Zahlungsfähigkeit seiner Regierung nicht weit her.

Noch galt in Europa weithin die Vorstellung, das Netz natürlicher und künstlicher Schifffahrtswege mit Eisenbahnen über Wasserscheiden nur zu ergänzen. In diesen Zusammenhang gehört der von Franz Joseph v. Gerstner betriebene Bau der ersten Fernbahn auf dem europäischen Kontinent, der Linie Linz–Budweis. Sie verband die Stromgebiete von Donau und Elbe und wurde mit der seltenen Spurweite von 1.106 Millimetern am 7. September 1827 in Betrieb genommen (siehe S. 6/7). Die Dampflok stand noch am Beginn ihres weltweiten Siegeszuges, sodass die Bahn bis 1854 mit Pferden betrieben wurde.

## Was heißt was in Österreich? (Auswahl)

| | |
|---|---|
| **Heizhaus** | ursprünglich für Bahnbetriebswerk; offiziell heute nicht mehr üblich |
| **Zugförderungsleitung** (Zfl.) | Bahnbetriebswerk; seit Mitte der 1990er-Jahre „Traktionsstandort" |
| **Zugförderungsstelle** (Zfst.) | Bw-Außenstelle; heute nicht mehr gebräuchlich |
| **Verschub** | Rangierdienst |
| **Verschubreserve** | planmäßig eingesetzte Rangierlok |
| **Aufnahmsgebäude** | Empfangsgebäude |
| **Wacheln** | andauerndes Schwenken der roten Fahne durch den Rangierer als Fahrerlaubnis für den Lokführer |
| **Dion** | ehem. kurz für BBÖ-/ÖBB-Direktion; heute gibt es „Regionalleitungen" |
| **Hauptwerkstätte** (HW) | Ausbesserungswerk; seit Mitte der 1990er-Jahre heißt es „TS-Werk" |
| **kkStB** | kaiserlich-königliche österreichische Staatsbahnen (wie alle „kk"-Behörden zuständig nur für die „westliche Reichshälfte" 1867–1918; „k.u.k." gilt nur den wenigen gemeinsamen Einrichtungen beider Reichshälften) |
| **BBÖ, ÖBB** | Österreichische Bundesbahnen; in der Ersten Republik musste die Abkürzung BBÖ gewählt werden, weil ÖBB durch die Oensingen-Balsthal-Bahn in der Schweiz besetzt war |
| **Klassen** | Garnitur eines Personenzuges (Ausdruck war auch in Sachsen geläufig); z.B.: „Statt Triebwagen fährt heute Lok mit Klassen" |
| **Pendler** | Vorform des Wendezuges; eine Garnitur aus z.B. zwei Wagen vorn und zwei Wagen hinten mit der Lok in der Mitte; heute umgangssprachlich auch für die Schnellbahnzüge von Wiener Kopfbahnhöfen ins Umland |
| **Der Schranken** | die Schranke |
| **Bahnfrevel** | umfassender Begriff für Gefährdung des Bahnbetriebs und Beschädigung von Anlagen und Fahrzeugen |

## Kohle für Wien: Nordbahn

In der zeitgenössischen Verkehrsgeografie hatte eine Erschließung oder gar Überquerung der Alpen noch keinesfalls Vorrang. Sie lagen am westlichen Rand des Riesenreiches. Das weit gespannte Projekt der Kaiser-Ferdinands-

**Die Eisenbahn diente der Erschließung des ganzen genau 100 Jahren im Kohlenhafen von Aussig am**

Streckeneröffnung südlich der Alpen: Manche Bahnen verlor Österreich recht bald nach der Inbetriebnahme durch Kriegseinwirkung

Nordbahn konzentrierte sich auf andere Ziele: Die privat finanzierte Bahn sollte schlesische Kohle und galizisches Salz schneller in die Kaiserstadt Wien bringen und die Verbindungen nach Preußen und Russland sowie über die Oderhäfen zur Ostsee verbessern.

Am 17. November 1837 befuhr der erste Dampfzug Österreichs den kurzen Abschnitt Floridsdorf – Deutsch Wagram. Schon 1839 fuhr man weiter bis Brünn, 1848 bis Oderberg an der preußischen Grenze (bereits mit Schienenanschluss nach Leipzig, Berlin und Stettin!) und 1856 bis Krakau. Mit ihrer Monopolstellung für die Kohleversorgung des ganzen südlichen Österreichs behielt die Nordbahn mehr als 100 Jahre lang eine überragende Bedeutung, auch, als die Grenzen ganz anders verliefen.

## Via Alpen zum Meer: Südbahn

Der einzige Seehafen Österreichs war Triest. Dass eine Eisenbahn dorthin die Position der Monarchie im Welthandel verbessern würde, galt als selbstverständlich; zudem begann Feldmarschall Radetzky die militärische Nutzbarkeit der Eisenbahnen zu erahnen. So schien es sinnvoll, die noch bis in die Lombardei reichenden oberitalienischen Landesteile per Schiene zu erschließen. Der Bau einer solchen Bahn nach Süden konnte freilich erst in vielen Etappen gemeistert werden. Die 1841/42 eröffnete Wien-Gloggnitzer Eisenbahn endete am Fuße der Alpen und hatte noch keine Verbindung zu den Streckenteilen, die südlich der Alpen auf dem langen Wege von Mürzzuschlag über Graz, Laibach (Ljubljana), Triest, Venedig, Verona und Mailand nach Como entstanden und allmählich zusammenwuchsen.

Aufgeschoben wurde der technisch schwierigste Abschnitt der Südbahn mit der Querung der südöstlichen Ausläufer der Alpen zwischen Gloggnitz und

Reiches: Diese Aufnahme entstand vor ziemlich nördlichen Rand Österreichs Slg. A. Knipping (2)

Die 52er mit Barrenrahmen wurden bei den ÖBB ab 1953 als 152 geführt. Im September 1964 schleppt 152.233 ihren Güterzug durch den Bahnhof Gstatterboden im Gesäuse T. Horn

**Stolze Personen- und Schnellzugloks zeigen sich in den 20er-Jahren im Heizhaus Wien West; auf der Drehscheibe eine 310** Slg. A. Knipping

Mürzzuschlag. Selbst in England als Mutterland der Eisenbahn und in den im Bahnbau sehr dynamischen USA fehlten Erfahrungen mit Gebirgsbahnen. Bedeutende Stimmen der Fachwelt hielten den Betrieb auf der Basis der Reibung zwischen glatten Rädern und Schienen für unmöglich und plädierten für schiefe Ebenen, auf denen ortsfeste Dampfmaschinen mittels Seilzug die Traktion übernehmen sollten. Der venezianische Ingenieur Carl Ritter von Ghega setzte sich mit seinem Konzept einer Bahntrasse durch, die mittels künstlicher Verlängerungen eine im Reibungsbetrieb befahrbare Steigung einhielt und geschickt die Form des Geländes ausnutzte. Seine Semmeringbahn mit kühnen Viadukten und Tunneln sowie kurvenreicher Linienführung wurde zum Vorbild vieler Gebirgsbahnen und gehört heute zum Weltkulturerbe. Am 17. Juli 1854 war die Semmeringbahn, am 15. Oktober 1857 die gesamte Strecke Wien – Triest befahrbar. Auch finanziell war die Entstehung der Südbahn schwierig. Der ab 1844 tätigen kaiserlich-königlichen Südlichen Staatsbahn fehlte bald das Geld, sodass ihre Strecken 1858 auf die private Südbahn-Gesellschaft übergingen. Die erste Staatsbahnepoche war zu Ende.

## Ost-West-Linien

Zwanzig Jahre nach der ersten Fahrt der „Austria" im November 1837 zeigte die Eisenbahnkarte der heutigen Republik Österreich außer der technisch schon überholten und isolierten Pferdebahn Budweis – Linz fast nur die beinahe exakt in Nord-Süd-Richtung verlaufende Achse von Oberschlesien über Wien nach Triest. Seit 1851 war vom Mittelpunkt Wien außerdem Budapest (auf dem linken Donauufer über Pressburg/Bratislava) erreichbar; ab 1856 führte eine zweite südlichere Linie (auf dem rechten Donauufer über Bruck a.d. Leitha und Raab/Györ) in die ungarische Hauptstadt. Zwar verlief der Bahnbau in den industrialisierten Regionen der Kronländer Böhmen und Mähren dynamischer, doch wurde er auch im heutigen Öster-

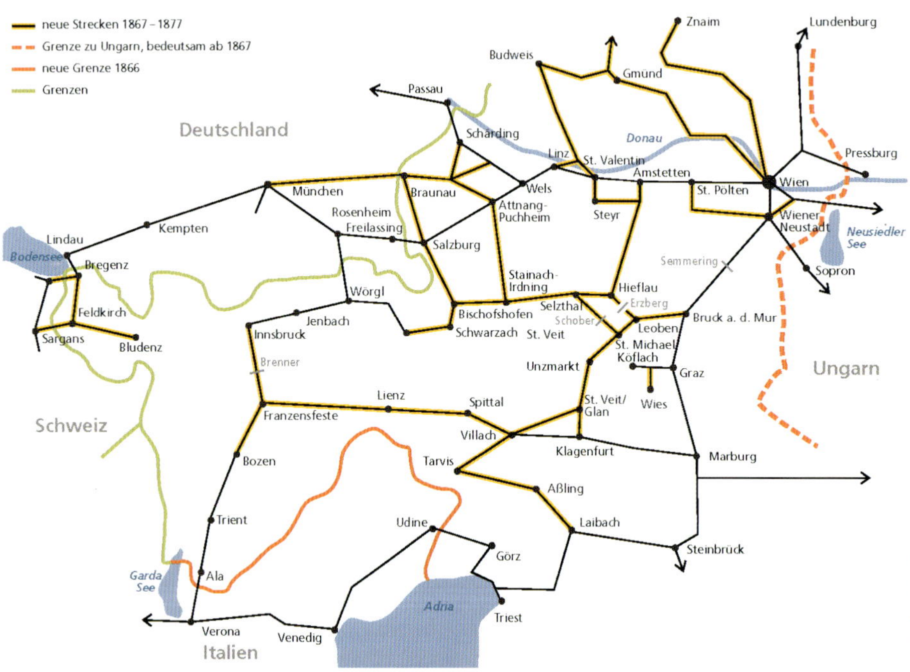


**Nach der Niederlage von 1866: Südbahn und Rudolfsbahn erschließen die Alpen, Franz-Josephs-Bahn und Nordwestbahn führen nach Böhmen und Mähren** R. Miller/A. Knipping

**links oben: Viele Dampfloks erhielten den Giesl-Ejektor; der flache Schornstein half Kohle sparen und steigerte die Leistung (78.623 in Hieflau, Sept. 1965)**

**rechts oben: Die größte Schnellzugdampflok Österreichs, die Reihe 214, wurde in nur 13 Exemplaren gebaut und blieb umstritten**

**O. Zell/Slg. H. Brinker**

reich fortgesetzt. Die wiederum private Kaiserin-Elisabeth-Westbahn eröffnete 1858 ihre Strecke donauaufwärts nach Linz, 1860 die Fortsetzung nach Salzburg und 1861 den Abzweig nach Passau, jeweils mit Anschluss nach Bayern (sowie ganz Süddeutschland und Frankreich). Zunächst nur über Bayern erreichbar war die vom österreichischen Netz isolierte Strecke Kufstein – Innsbruck der Tiroler Staatsbahn aus dem Jahre 1858.

Die Südbahn erschloss die Alpen von Südosten her. Aus heutiger Sicht kurios wirkt, dass Bozen als wichtigste Stadt Tirols südlich des Alpenhauptkammes von Wien aus zunächst (ab 1859) nur auf dem großen Umweg über Graz – Laibach – Mestre – Verona erreichbar war. Kurz darauf schrumpfte das Staatsgebiet, denn Österreich verlor die Lombardei.

## Nord-Süd-Linie: Brennerbahn

Handel und Militärstrategie forderten nun gebieterisch eine erste Eisenbahn über die Zentralalpen (die ja vom Semmering im Osten bis zum Mont Cenis im Südwesten noch ganz ohne Schienenweg waren). Es bot sich an, dem uralten Weg über den Brenner zu folgen. Dies ist die niedrigste Passage über die Alpen, deshalb kam die Bahn nur hier ohne einen Scheiteltunnel aus. Das 1867 fertig gestellte Riesenwerk der Brennerbahn von Innsbruck nach Bozen bleibt mit dem Namen von Karl Etzel verbunden. In Feierlaune war das offizielle Österreich damals nicht, hatte man doch 1866 den Krieg gegen Preußen und Italien verloren und damit auch Venetien eingebüßt. Gegen das geschwächte Wien konnte Ungarn 1867 den „Ausgleich" durchsetzen, nämlich die administrative Unabhängigkeit von Österreich. Die „westliche" und die „östliche Reichshälfte" waren nur noch über den Kaiser und wenige zentrale Staatsorgane verbunden. Die weitere Entwicklung der Eisenbahn vollzog sich in Ungarn nun eigenständig (wobei große Privatbahnen, allen voran die inzwischen bis Budapest reichende Südbahn, mit ihren Netzteilen in beiden Reichshälften eine Klammerfunktion wahrnahmen).

Weiterhin war die Struktur des Eisenbahnnetzes im Westen des heutigen Österreich unvollkommen, war doch die lange Tiroler Nord-Süd-Achse Kufstein – Innsbruck – Brenner – Bozen von Wien aus nur über Bayern oder über Italien erreichbar. Diesen Missstand behob die Südbahn zwischen 1863 und 1871 mit der Ost-West-Achse durch das Drau- und Pustertal von Marburg (Maribor) über Klagenfurt und Villach bis Franzensfeste (Fortezza) an der Brennerbahn. Die Elisabeth-Westbahn erschloss die nördlichen Alpen, nämlich 1875 mit den Strecken von Salzburg nach Bischofshofen und von dort westlich nach Wörgl (Anschluss an die Südbahn) und östlich nach Selzthal (Anschluss an die Rudolfsbahn).

## Verdichtung des Netzes

Rudolfsbahn? Eine für den östlichen Alpenraum wichtige Gesellschaft war die Kronprinz-Rudolfs-Bahn, die zwischen 1868 und 1877 St. Valentin, Amstetten und Schärding mit Städten am südlichen Alpenrand – namentlich Klagenfurt, Villach, Tarvis und Laibach – verband. In der Steiermark (Erzberg und Hüttenberg) erschlossen Zweigstrecken der Rudolfsbahn wichtige Lagerstätten von Bodenschätzen. Markenzeichen dieser Gesellschaft war eine mit vielen Umwegen erkaufte Trassierung ohne lange Tunnel. Bei kaum einer alten Privatbahn ist der Netzzusammenhang derart verloren gegangen wie hier; einen Zuglauf St. Valentin – Hieflau – Selzthal – St. Michael – St. Veit a.d. Glan – Villach gab es schon vor 100 Jahren nicht mehr.

Von der Donau nordwärts nach Böhmen und Mähren entstanden fast gleichzeitig drei neue Verbindungen:

- Zwischen 1869 und 1872 errichtete die Kaiser Franz Josephs-Bahn ihre Strecken Wien – Prag bzw. – Eger; zum österreichischen Netz gehört heute der Abschnitt bis Gmünd.
- Fast gleichzeitig baute die Nordwestbahn eine konkurrierende Verbindung von Wien über Znaim (Znojmo) und Iglau (Jihlava) bis zu den Grenzen Sachsens und Preußens; das nur recht kurze, heute noch in Österreich liegende Teilstück Wien – Retz – Staatsgrenze wird seit 1871 befahren.
- Die Elisabeth-Westbahn ersetzte die historische Pferdebahn nach Böhmen 1871/72 durch eine zeitgemäße Vollbahn Linz/St. Valentin – Budweis; seit 1918 endet die österreichische Be-

**Urige Privatbahn-Atmosphäre verbreitet die Gesellschaft Stern&Hafferl im Jahr 1966 in Attersee** T. Horn (2)

Elektrifizierung in Zell am See mit Hilfe einer betagten Maschine der Reihe 48 Slg. T. Wunschel

In Bruck a. d. Leitha wartet 1968 die ÖBB-Dampflok 95.113 auf neue Aufgaben. Der Bahnhof verfügt noch über Formsignale aus der Zeit der kkStB J. Krantz

triebsführung nördlich von Summerau an der österreichisch-tschechischen Grenze.

## Eine neue Staatsbahn

Eine wirtschaftliche Rezession ab 1873 gab dem Staat wieder Anlass zu eigener Aktivität im Bahnbau, wovon zunächst Projekte außerhalb der heutigen Grenzen profitierten. Ähnlich wie in Deutschland (aber Jahrzehnte vor Frankreich und England) setzte sich Ende des 19. Jahrhunderts in Österreich-Ungarn das Staatsbahnprinzip durch. Nur die Bündelung der landesweiten Verantwortlichkeiten für Bau, Betrieb, Personalwesen und Tarifgestaltung der Eisenbahnen bei der Regierung schien zu garantieren, dass alle Belange von Staatsverwaltung, Armee und Wirtschaftsförderung gewahrt würden.

Durch die Nichtverlängerung auslaufender Konzessionen und den Kauf verschuldeter Gesellschaften wuchsen die kaiserlich-königlichen österr. Staatsbahnen oder kurz kkStB schnell zu einer der größten Bahnverwaltungen Europas heran. Wie in anderen Ländern hatte die Staatsbahn viele Aufgaben der Landeserschließung zu erfüllen; demgemäß musste sie auch Strecken bauen und betreiben, mit denen kein Gewinn zu machen war. Die kkStB führten außerdem den Betrieb auf vielen Lokalbahnen in Privateigentum. Das mit der Eisenbahnpolitik verfolgte große Ziel, das extreme Wirtschafts- und Wohlstandsgefälle vom Westen zum Osten der Monarchie zu mildern, wurde indes nicht erreicht. Eine erhebliche Rolle spielten die kkStB außerdem in den militärischen Planungen, hatten sie doch den Aufmarsch für den am ehesten erwarteten Fall eines Konfliktes mit Russland sicherzustellen. Als jedoch 1914 der Ernstfall eintrat, vollzog sich der Truppentransport an die Nordostgrenze viel zu langsam.

Entsprechend dem Charakter des Vielvölkerstaates mussten die kkStB mehrere Amtssprachen pflegen: Ihre Eisenbahner verständigten sich auf deutsch, tschechisch, polnisch, slowenisch, rumänisch und russisch (während man bei der Staatsbahn MÁV in der östlichen Reichshälfte mindestens ungarisch, kroatisch, slowakisch und rumänisch sprechen und schreiben musste).

1909 war von den großen Privatbahnen nur noch die Südbahn übrig, auch sie übrigens ein „multikulturelles“ Unternehmen im deutschen, italienischen, slowenischen und ungarischen

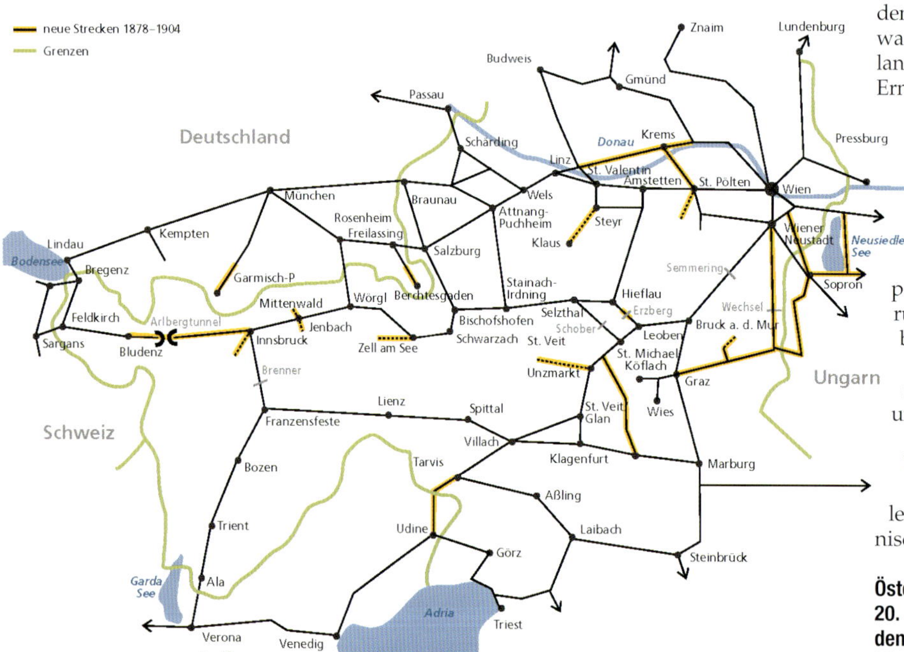


Österreichs Eisenbahn zwischen 19. und 20. Jahrhundert: Die Staatsbahn überwindet den Arlberg, die Schmalspurbahn wird in den Alpen heimisch R. Miller/A. Knipping

Sprachraum. Als kleinere Eisenbahnunternehmen des öffentlichen Verkehrs behielten ihre Selbstständigkeit u.a. die schon 1860 als Abzweig der Südbahn zur Erschließung eines Kohlegebiets eröffnete Graz-Köflacher Eisenbahn und die Eisenbahn Wien – Aspang.

Neuen Privatgesellschaften vertraute man allerdings wie in fast allen anderen Ländern den Bau und/oder Betrieb von Lokalbahnen an. Besonders populär wurden die vorrangig dem Tourismus gewidmeten Schmalspurbetriebe Achenseebahn (Zahnradbahn), Salzkammergut-Lokalbahn, Murtalbahn, Zillertalbahn und Stubaitalbahn (elektrischer Betrieb). Diese wurden in rascher Folge zwischen 1889 und 1903 eröffnet.

## Die kkStB bauen neue Alpenbahnen

Eines der ersten großen Neubauprojekte der neuen Staatsbahn war die Arlbergbahn von Innsbruck nach Bludenz, mit der Österreich endlich eine Ost-West-Verbindung auf eigenem Territorium bis zur Schweizer Grenze und zum Bodensee erhielt. Am Scheitel der Strecke wurde der Bau eines Tunnels notwendig, der mit 10,2 Kilometern Länge alle bisherigen Tunnelbauwerke in Österreich bei weitem übertraf. Nach vier Jahren Bauzeit wurde die gesamte Strecke 1884 eröffnet. In den Folgejahren galt die Bautätigkeit bescheideneren Ergänzungsstrecken sowie der Ertüchtigung der Betriebsanlagen für den wie überall in Europa schnell zunehmenden Personen- und Güterverkehr.

Noch einmal baute Österreich eine anspruchsvolle Alpentransversale. Militärische Überlegungen, die Konkurrenz der Staatsbahn zur privaten Südbahn und das Bedürfnis nach weiterer touristischer Erschließung entlegener Gebirgsregionen ließen den Plan zur „zweiten Verbindung Wien – Triest" reifen, die bis 1909 unter Ausnutzung vorhandener Streckenteile mit den aufwändigen Neubauten Linz – Selzthal (mit dem Bosrucktunnel), Schwarzach-St. Veit – Spittal (mit dem Tauerntunnel) und Villach – Görz (Goricia/Nova Gorica) – Triest (mit Karawanken- und Wocheinertunnel) hergestellt wurde.

Nicht die Bewältigung des weiträumigen Verkehrs, sondern der aufblühende Tourismus lieferte das Motiv für den Bau der Karwendel- und Außerfernbahn in den schönsten Alpenregionen Bayerns und Tirols 1912/1913. Sie gehörten zu den ersten von Anfang an elektrisch betriebenen Vollbahnen der Welt.

## Ende des Kaiserreichs

Ab August 1914 waren gemütlicher Fremdenverkehr, Luxuszüge und internationaler Güterverkehr über österreichische Gebirgspässe vergessen. Der Vielvölkerstaat kämpfte gegen Russland und Serbien und ab 1915 auch an der Alpenfront gegen Italien um seine Existenz. Das Gebiet des heutigen Österreich blieb von Schlachten verschont, dafür wütete der Hunger in Wien und anderen Großstädten umso grausamer. Nachdem der alte Kaiser Franz Joseph I. im Alter von 86 Jahren

**Die Arlbergbahn brilliert mit zahlreichen eindrucksvollen Bauwerken. Eines davon ist die Trisannabrücke, im Bild schon in der jüngeren Variante, die nur noch den oberen Bogen besitzt. Im Juli 1993 passieren eine 1020 und eine 1010 die Konstruktion** J. Sieger

**Österreich entwickelte eine eigene Tradition im Ellok-Bau. Markante Beispiele sind die vierachsigen Altbaumaschinen; im Oktober 1990 steht die 1045.012 in Riedau** C. Völk

**Bahnreise über den Arlberg im August 1940: kkStB-Zweiachsern täuscht über die Lage im**

und nach 68 Jahren Regierungszeit 1916 gestorben war, ließ sich der Zerfall der Monarchie nicht mehr aufhalten. Mit der militärischen Niederlage im Herbst 1918 endete die staatliche Einheit mit Ungarn; Böhmen und Mähren im Norden und Slowenien im Süden (mit Teilen Kärntens und der Steiermark) verließen Österreich, Italien schob seine Grenze bis zum Brenner vor. Der 1919 in St. Germain bei Paris unterzeichnete Friedensvertrag machte Österreich endgültig zu einem besiegten Kleinstaat und fixierte auch speziell unter Eisenbahnaspekten bewusst schikanöse Grenzziehungen. Die Zuteilung der wichtigen Knotenbahnhöfe Gmünd (Ceske Velenice), Lundenburg (Breclav), Marburg (Maribor) und Brenner (Brennero) an die Tschechoslowakei, Jugoslawien beziehungsweise Italien zwang die nunmehrigen Österreichischen Bundesbahnen (BBÖ) zur Errichtung neuer Grenzbahnhöfe an vormals unbedeutenden Provinzstationen. Alle von Linz und Wien nach Norden und Osten führenden Fernbahnen waren zu Kurzstrecken geworden. Die zugehörigen Bahnhöfe und Werkstätten in Wien mit den entsprechenden Personalkapazitäten mussten reduziert werden, was die ohnehin schon hohe Arbeitslosigkeit weiter steigerte. Weil die einstmals österreichische Kohle nun gegen harte Devisen aus dem Ausland gekauft werden musste, litt der Eisenbahnbetrieb unter drückendem Kohlemangel.

Österreich verbuchte damals aber auch einen Gebietszuwachs, indem es 1921 endgültig das deutsch besiedelte Burgenland von Ungarn erhielt. Die zuvor bis auf kurze österreichische Grenzstrecken nur in Ungarn tätige Györ-Sopron-Ebenfurter Eisenbahn (GySEV) wurde (und blieb bis heute) zu einer auch für den Binnenverkehr im östlichsten Österreich wichtige Eisenbahnverwaltung. Ihre Eigenart als privat konzessioniertes österreichisch-ungarisches Gemeinschaftsunternehmen konnte sie in allen politisch noch so wechselvollen Zeiten bewahren.

## Konsolidierung der BBÖ

Die günstigen Erfahrungen mit dem elektrischen Betrieb auf Alpenbahnen der Schweiz, Italiens und im eigenen Lande machten es unabweisbar, mit der Elektrifizierung der Eisenbahnen zu beginnen und damit von ausländischer Kohle unabhängig zu werden. 1923 wurde der elektrische Betrieb auf dem Flachlandabschnitt der Arlbergbahn eröffnet, 1924 auf der Salzkammergutbahn, 1925 auf dem Gebirgsabschnitt der Arlbergbahn, 1927 zwischen Innsbruck und Kufstein und 1928 auf der Brenner-Nordrampe. Fast zur selben Zeit wie in Deutschland erlebte auch Österreich aufgrund der kriegsbedingten Staatsverschuldung in den frühen 20er-Jahren einen Währungs-

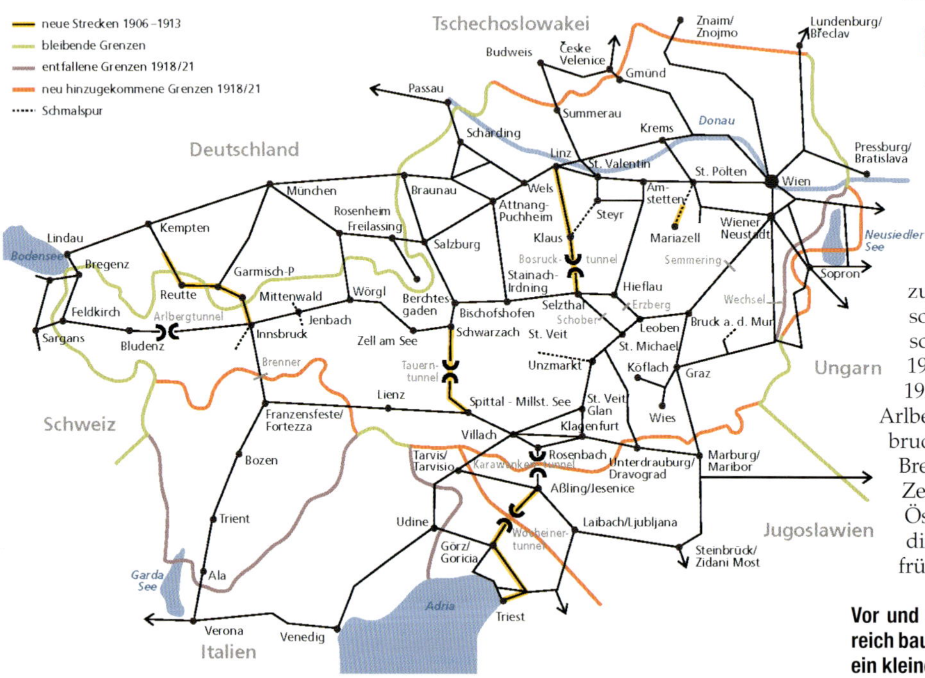


**Vor und nach dem Ersten Weltkrieg: Österreich baut die großen Alpentunnel – und wird ein kleines Alpenland** R. Miller/A. Knipping

**Die sonnige Szenerie mit dem Zug und seinen Lande hinweg. Es ist bereits Krieg**

zusammenbruch, und wie in Deutschland war eine mittelbare Folge von Hyperinflation und Geldreform die Überführung der Eisenbahn aus dem allgemeinen Staatshaushalt in eine annähernd privatwirtschaftliche Unternehmensform. Das Bundesgesetz vom 19. Juli 1923 schuf den „eigenen Wirtschaftskörper" BBÖ. Wie in Deutschland erzwang die streng betriebswirtschaftliche Regie einen schnellen Personalabbau von 135.000 Bediensteten 1920/21 auf 80.200 Ende 1929.

Die hoch verschuldete Südbahn wurde in einem komplizierten internationalen Verfahren zwischen den Nachfolgestaaten Österreich, Ungarn, Jugoslawien und Italien aufgeteilt; 1924 fiel ihr Erbe im klein gewordenen Österreich den BBÖ zu. Auch die Niederösterreichischen Landesbahnen und die Eisenbahn Wien – Aspang wurden verstaatlicht.

Mit gelungenen neuen Dampfloktypen, Ganzstahl-Reisezugwagen und viel versprechenden Versuchen der Motorzugförderung verließ die technische Entwicklung des österreichischen Eisenbahnwesens recht schnell die Schatten von Niederlage und Friedensdiktat und knüpfte an den Vorkriegsruhm an. Eine Intrige der Kohlenwirtschaft führte jedoch 1927 zu dem Beschluss, die Elektrifizierung zu unterbrechen. Die für die Westbahn Wien – Salzburg konstruierte und ab 1928 gebaute Dampfloktype 214 war zwar eine stolze Maschine, doch wäre man elektrisch schneller und sparsamer gefahren. Eine fortdauernde wirtschaftliche Depression ließ in den 30er-Jahren die positiven Ansätze ersterben. Bei der hohen Arbeitslosigkeit wirkte sich der fortlaufende Personalabbau durch die BBÖ auf nur noch 52.360 Köpfe Ende 1936 katastrophal aus. Zumindest die Elektrifizierung wurde endlich wieder fortgesetzt; ab 1935 wurde die Tauernbahn elektrisch befahren.

Die politischen Rahmenbedingungen hatten sich nach einer demokratischen Epoche ab 1918 schon wieder radikal verändert: Seit 1934 herrschte die auf strengste katholische Lehren gestützte

## Lokomotivbezeichnungen in Österreich

Die kkStB führten für ihre Lokomotiven Reihennummern ohne zwingende Systematik ein. Zwar waren die Reihen 1 – 10 den Schnellzugloks vorbehalten, doch im höheren Bereich wechselten sich Schlepptender- und Tenderloks verschiedenster Größen eher zufällig ab. Eine Besonderheit bestand darin, abgeleitete oder auch nur entfernt ähnliche Typen mit Hunderterstellen zu kennzeichnen. So waren die Tenderlokreihen 29, 129 und 229 „Verwandte"; die Schlepptendertypen 329 und 429 hatten mit den 29 und 229 die Achsfolge 1'C1' gemeinsam. Hatte eine 1'C1' größere Räder, fand man sie als 10, 110 oder gar 910 – und zwischen diesen die 1'C2'-Maschinen 210 und 310! Die 629 und die von den BBÖ beschaffte 729 waren dann wieder Tenderloks – mit einer bzw. zwei Laufachsen mehr! Vollends unübersichtlich geriet die Kennzeichnung der Unterbauarten. So nummerierten die kkStB die Heißdampfvarianten der 429 (1'C1') und 80 (E) als 429.900 ff. und 80.900 ff. Weil aber jeweils mehr als hundert gebaut wurden, folgte z.B. der 429.999 die 429.1900 ...
Den ab 1912 eingereihten Elektroloks gab man eine nach der Achsfolge in etwa dampfloktypische Reihenbezeichnung im Tausenderbereich. Weil es 1'C-Dampfloks der Reihe 60 und E-gekuppelte Dampfloks der Reihe 80 gab, wurden die 1'C für die Mittenwaldbahn als 1060 und der erste laufachslose Fünfkuppler für den Arlberg als 1080 bezeichnet. Bei den zahlreichen Varianten mit vier angetriebenen Radsätzen gerieten die BBÖ im hierfür reservierten Bereich „ ..70" recht schnell zur 1570 und 1670 ... und stockten die 1170 zur 1170.101 ff. und 1170.201 ff. auf.

Nach dem „Anschluss" 1938 führte die Deutsche Reichsbahn ihr System „01–99" ein. Nun wurde die 310 zur 16, die 329 zur 35, die 229 zur 75; die mit Buchstabenkombinationen (z.B. U oder Yv) separat bezeichneten Schmalspurloks fanden sich als 99er wieder, die Elektroloks rückten je nach Geschwindigkeit und Spurweite in die Reihen E 22 bis E 99 ein.
Die ÖBB behielten bei ihrer Umzeichnung 1953 im Prinzip das Reichsbahnschema bei, wenngleich wieder mit Hunderterstellen. So trugen die Kriegsloks weiter ihre vertrauten Nummern 42 und 52, die 52 mit Barrenrahmen hingegen wurde zur 152. Alle Triebfahrzeuge der modernen Traktionsarten erhielten vierstellige Reihenbezeichnungen unter Ausschluss von Buchstaben. Damit war das ÖBB-Schema seiner Zeit voraus – und musste bei der Einführung der EDV-Nummern kaum mehr geändert werden, wenn man einmal von der Zufügung einer Null vor zweistellige Ordnungsnummern absieht. Lange Zeit stand in Österreich zwischen Reihen- und Ordnungsnummer ein Punkt. Mit Einführung der Computernummern ist dieser aber offiziell entfallen.

Beispiele:

| Nummer bis 1938 | ab 1939 | ab 1953 | ab 1985 |
|---|---|---|---|
| 214.08 | 12 008 | 12.08 | – |
| 378.70 | 93 1370 | 93.1370 | – |
| P.1 | 99 1001 | 199.01 | – |
| – | 70 086 | 770.86 | – |
| 1070.13 | E 61 113 | 1161.13 | 1161 013 |
| – | E 94 001 | 1020.18 | 1020 018 |

**Zugkreuzung bei der Steyrtalbahn in den 60er-Jahren. Österreich wurde eine Hochburg für Schmalspurbahnen** T. Horn, Slg. Dr. Rampp (o.)

**„Gö, do schaust, i bin a Taurus": So stellen sich die modernen ÖBB-Elloks beim Lokführer vor, wenn man einige Tasten drückt. Hier eine Maschine mit einem EuroCity beim Stift Melk** W. Kaiser

austrofaschistische Diktatur. Das Regime bekämpfte zwar die von Deutschland geförderten und immer gewalttätiger auftretenden Nationalsozialisten, aber auch die Arbeiterbewegung. Viele Eisenbahner wurden disziplinarisch verfolgt. Die Umsetzung der Staatsideologie führte zur Entlassung nicht nur der sozialdemokratischen Eisenbahner, sondern auch derjenigen, die nichteheliche Lebensgemeinschaften pflegten, sowie der Ehefrauen berufstätiger Männer. Wirtschaftlich erfolglos und im Volk verhasst, konnte der „Ständestaat" den Zugriff Hitlers nicht verhindern.

## „Anschluss" an Deutschland, Krieg und Besatzung

Im März 1938 folgte der „Anschluss" Österreichs an das Deutsche Reich. Die BBÖ wurden in die Deutsche Reichsbahn überführt, an die Stelle der Bundesbahndirektionen Wien, Villach, Linz und Innsbruck traten die Reichsbahndirektionen Wien, Villach, Linz, Augsburg und München. Wieder musste das Personal Willkür erleben. In den Leitungsebenen wurden die „Christsozialen" durch Nazis ersetzt; alle Eisenbahner jüdischen Glaubens wurden entlassen, was nur die erste Stufe der Entrechtung war. Wenige Jahre später sollten die Deportationen in die Vernichtungslager folgen. Die BBÖ-Loks erhielten nun Nummern nach Reichsbahnsystem.

Die Einbeziehung Österreichs in die deutsche Kriegsplanung führte zu einer hektischen Aktivität auch auf dem Eisenbahnsektor. So wurde der Abschnitt Wels – Passau in aller Eile und in mangelhafter Ausführung mit einem zweiten Gleis versehen. Noch heute zeugen vielerorts Stellwerke im zeitgenössisch rustikalen Stil mit wuchtigen Dächern von der seinerzeitigen Bautätigkeit. Lokomotiven und Wagen der deutschen Einheitsbauarten, aber auch mancher Länderbahntypen wurden in Österreich heimisch.

1939 begann der Zweite Weltkrieg, und ab 1944 hatte er mit den Zerstörungen durch Bombenangriffe auch auf Österreichs Bahnhöfen immer drastischere Auswirkungen. Anders als im Ersten Weltkrieg wurde Österreich im Frühling 1945 Schlachtfeld; insbesondere um Wien wurde heftig gekämpft. Am 29. März 1945 betrat die Rote Armee Österreich, und schon vor der deutschen Kapitulation und der vollständigen Befreiung des

**Dieseltraktion in den Alpen: Mit ihrem Zug befährt die ÖBB-Lokomotive 2043.073 die Strecke Arnoldstein – Kötschach-Mauthen im Gailtal (Juli 2001)** T. Feldmann

Landes konstituierte sich am 27. April 1945 die „zweite" Republik Österreich.

Ab 1945 war Österreich wie Deutschland in amerikanisch, englisch, französisch und sowjetisch besetzte Zonen aufgeteilt. Anders als in Deutschland wurde aber der Aufbau einer einheitlichen Staatsverwaltung zugelassen. Ab Dezember 1945 amtierte in Wien eine für ganz Österreich zuständige Generaldirektion der Österreichischen Staatseisenbahnen. Örtliche und von nun an auch zentrale Organe nahmen den Wiederaufbau der vor allem in den östlichen Landesteilen und in Wien erheblich beschädigten Bahnanlagen in Angriff. Im August 1947 wurde der Name Österreichische Bundesbahnen wieder eingeführt, nun mit dem Kürzel ÖBB.

Ein herber Rückschlag war der Abtransport von 544 Dampflokomotiven deutscher und osteuropäischer Herkunft aus der sowjetischen Zone 1948. Diese Einbuße und die wie schon nach dem Ersten Weltkrieg extreme Kohleknappheit machten die Fortsetzung der Elektrifizierung dringlich. Schon 1949 wurde mit dem Abschnitt Bregenz – St. Margrethen die erste neue elektrische Strecke in Betrieb genommen. Mit der vollständigen Elektrifizierung der Westbahn von Salzburg bis Wien zu Weihnachten 1952 verbuchten die ÖBB einen Erfolg von hoher betrieblicher wie auch symbolischer Bedeutung. Die anfänglich häufigen Eingriffe der Besatzungsmächte konnten mehr und mehr zurückgedrängt werden. 1953 entfielen die zeitraubenden Personenkontrollen an der Demarkationslinie zur sowjetischen Zone. Nach langen Verhandlungen gelang es der österreichischen Regierung, am 15. Mai 1955 mit den Siegermächten den „Staatsvertrag" zu unterzeichnen, der für die Zusage „immerwährender Neutralität" den Abzug der Besatzungsmächte brachte.

## Die Zeit nach 1955

Die Grundlinien der weiteren Entwicklung der Bahn entsprachen denen in Deutschland. Die hohen Kosten für Kohle und Personal (Anfang 1955 mussten die ÖBB 88.830 aktive Eisenbahner und 69.692 Pensionisten bezahlen!) führten zur stetigen Reduzierung des Dampfbetriebes. 1959 wurde als letzte große Alpenbahn die Semmeringbahn in den elektrischen Betrieb überführt. Die Fortsetzung der Elektrifizierung und die Ausbreitung des Dieselbetriebes führten 1976 zum Ende der Dampftraktion, abgesehen von Schmalspur- und Zahnradbahnen.

Das Eisenbahnnetz in der Hauptstadt wurde durch Aufgabe einiger im Krieg schwer beschädigter Kopfbahnhöfe gestrafft. Als „Schnellbahn" (seit kurzem „S-Bahn") entstand auf vorhandenen Strecken in und um Wien ein leistungsfähiges elektrisches Nahverkehrssystem. Neue Streckenbauten blieben wie überall in Europa selten. Um einen umständlichen und von Grenzkontrollen beeinträchtigten Korridorverkehr durch den jugoslawischen Bahnhof Dravograd entbehrlich zu machen, bauten die ÖBB als erste Neubaustrecke nach dem Krieg bis 1964 an der südlichen Landesgrenze die 20 Kilometer lange Jauntalbahn St. Paul – Bleiburg.

Während im Schatten des „Eisernen Vorhangs" der Verkehr nördlich und östlich von Wien lange stagnierte, verzeichnete die Verbindung Salzburg – Tauernbahn – Villach – Karawankentunnel als Teil der „Gastarbeiter"-Route von Deutschland nach Jugoslawien, Griechenland und in die Türkei eine steigende Belastung. 1969 begann ein auf mehrere Jahrzehnte angelegtes Bauvorhaben an der Tauernbahn: Sie wurde auf zwei Gleise verstärkt, zudem verlegte man die Südrampe aus ihrer schwierigen Hangtrasse teils bergwärts in Tunnel und teils talwärts auf kühne Viadukte.

Anders als die BBÖ der Zwischenkriegszeit blieben die ÖBB eine „echte" Staatsbahn. Selbstverständlich wurden auch sie von politischen Bestrebungen erfasst, die einen wettbewerbsorientierten Kurs verfolgten und den staatlichen Zuschussbedarf reduzieren wollten – unter Aufgabe „unrentabler" Dienste für das Gemeinwohl. Wie in anderen Ländern ist diese Politik umstritten.

Entsprechend der kleinräumigen Geografie Österreichs wurde auf lange Neubaustrecken für einen Hochgeschwindigkeitsverkehr verzichtet. Umso mehr blieben die vorhandenen Hauptbahnen Baustellen. Nach der Tauernbahn wurden auch die Schoberpasslinie und die Grenzstrecke Villach – Tarvis zweigleisig ausgebaut. Für den Güter-

Wie der Nachbar Schweiz schuf auch Österreich in den 20er-Jahren ein „Krokodil". Die Stangen-Elektrolok 1089.06 verrichtet 1968 in Bischofshofen ihren Dienst J. Krantz

Alle drei Traktionsarten haben sich im Juni 1968 in Selzthal versammelt: links startet 78.618 mit E 612 nach Wien, rechts warten 1020.21 und 2045.02 mit P 3918 nach Linz L. Rotthowe

Die Lokfamilien der Reihen 1044/1144 und „Taurus" (1016/1116/1216) prägen heute den Bahnbetrieb bei den ÖBB. Im Januar 2006 stehen vier 1144 und ein Taurus in Innsbruck Hbf bereit; sie leisten Schubdienste auf der Brennerstrecke U. Miethe

verkehr vom Inntal zum Brenner errichtete man eine fast gänzlich unterirdische Südumfahrung von Innsbruck.

## Der Weg in die Gegenwart

Der Sturz der kommunistischen Diktaturen in Osteuropa 1989 veränderte die Verkehrsströme der ÖBB ein weiteres Mal. Beinahe schlagartig verstärkte sich der Ost-West-Verkehr, wurden alte Relationen wieder belebt. Nach der Öffnung der nördlichen und östlichen Grenzen wurden die Strecken nach Tschechien und Ungarn elektrifiziert und die Verbindung Parndorf – Kittsee – Bratislava in die Slowakei neu gebaut.

Eine Zäsur brachte die Bahnreform in den 90er-Jahren, mit der die ÖBB aufgegliedert und stärker marktwirtschaftlich ausgerichtet wurden. Das Streckennetz steht seitdem auch Privatbahnen offen; ihre Zahl nahm entsprechend zu.

Nicht nur deshalb zeigen sich die Eisenbahnen zwischen Bodensee und Neusiedler See heute in großer Vielfalt. Es gibt futuristische Hochleistungsstrecken, aber auch beschaulich-provinzielle Linien mit dem in Deutschland so verpönten örtlichen Güterverkehr. Vor allem auf schmaler Spur blüht eine reiche Eisenbahnnostalgie. Zurzeit gilt der größte Aufwand der Westbahn, die zur viergleisigen Schnellstrecke auf weitgehend neuer Trasse ausgebaut wird.

Ursprünglich fuhren die Züge in Österreich (wie in Frankreich und Italien) auf zweigleisigen Strecken links, ohne dass sich hierfür ein zwingender Grund oder eine Entscheidung nachweisen lässt. Zur Erleichterung des Betriebes an den Grenzübergängen Passau, Salzburg und Kufstein begann 1938 die allmähliche Umstellung der meisten Hauptbahnen auf Rechtsverkehr. Seit 1994 gilt für den gesamten Abschnitt Kufstein – Brenner nach österreichischem Sprachgebrauch „Rechtsfahren“. Den traditionellen Linksverkehr gibt es noch auf den ältesten Strecken von Wien nach Norden und Süden. Der vielerorts eingeführte Gleiswechselbetrieb hat die feste Bindung zwischen Gleisen und Fahrtrichtungen ohnehin beseitigt.

## Positive Bilanz

Unterm Strich betrachtet, hatte es kaum ein Eisenbahnland Europas mit solch wechselnden politisch-historischen Voraussetzungen zu tun wie Österreich. Umso erstaunlicher ist die Bilanz: Nach der schmerzhaften Grenzziehung nach 1918 und langjähriger scharfer Bewachung der Grenzen ab 1945 sind die Beziehungen des Alpenlandes zu all seinen Nachbarn auch auf dem Eisenbahnsektor heute problemlos.

Andreas Knipping

**Auf seiner Fahrt von Basel nach Wien nähert sich der Eurocity 163 „Transalpin“ dem Bahnhof Wald am Arlberg. Die Reisenden im Panoramawagen haben an diesem klaren Tag einen besonders schönen Blick auf die Bergwelt. Nicht mehr im Bild zu sehen ist die Schublok, welche den langen Fernzug auf diesem Streckenabschnitt unterstützt.**

Thomas Wunschel

## Der Loklebenslauf der 109.14

# 52 Jahre – fünf Bahnen

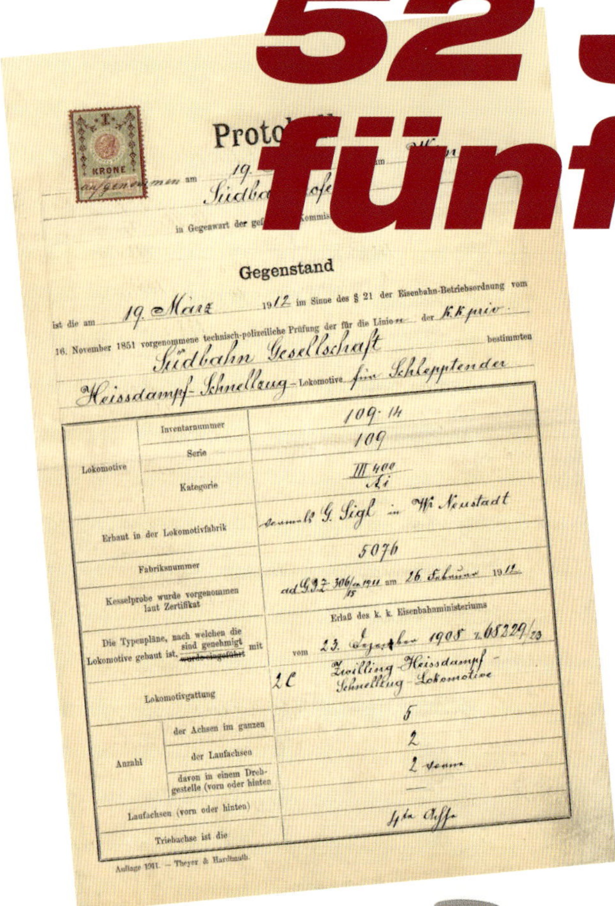
Proto[illegible]

[illegible] aufgenommen am 19. [illegible]

Südba[illegible]hofe [illegible]

in Gegenwart der ge[illegible] Kommis[illegible]

**Gegenstand**

Ist die am 19. März 1912 im Sinne des § 21 der Eisenbahn-Betriebsordnung vom 16. November 1851 vorgenommene technisch-polizeiliche Prüfung der für die Linien der k. k. priv. Südbahn Gesellschaft bestimmten Heissdampf-Schnellzug-Lokomotive für Schlepptender

| | | |
|---|---|---|
| Lokomotive | Inventarnummer | 109·14 |
| | Serie | 109 |
| | Kategorie | III 400 / Ai |
| Erbaut in der Lokomotivfabrik | | [illegible] G. Sigl in Wr. Neustadt |
| Fabriksnummer | | 5076 |
| Kesselprobe wurde vorgenommen laut Zertifikat | | ad G.Z. 306/15 ex 1911 am 26. Februar 1912 |
| Die Typenpläne, nach welchen die Lokomotive gebaut ist, sind genehmigt ~~wurde eingeführt~~ mit | | Erlaß des k. k. Eisenbahnministeriums vom 23. Dezember 1908 Z. 65229/23 |
| Lokomotivgattung | | 2C Zwilling-Heissdampf-Schnellzug-Lokomotive |
| Anzahl | der Achsen im ganzen | 5 |
| | der Laufachsen | 2 |
| | davon in einem Drehgestelle (vorn oder hinten | 2 vorne |
| Laufachsen (vorn oder hinten) | | — |
| Triebachse ist die | | 4te Achse |

Auflage 1911. – Theyer & Hardtmuth.

*Ihre Dienstzeit beginnt im Kaiserreich und endet in der Zweiten Republik. In diesen Jahren trägt die Schnellzuglok 109.14 fünf Nummern und wechselt viermal den Besitzer*

Ab 1910 wird auf der Südbahn-Linie Wien – Triest eine neue Ära eingeläutet. Der Einsatz der Reihe 109 verbessert den Schnellzugdienst erheblich: Die Heißdampf-Schlepptenderloks mit der Achsfolge 2'C brauchen 22 Prozent weniger Kohle als ältere Maschinen und reduzieren die Fahrzeit von 13,5 auf 10,5 Stunden.

Am 19. März 1912 liefert die Lokfabrik G. Sigl aus der Wiener Neustadt die Lok mit der Fabriknummer 5076 an die Südbahn. Am selben Tag unternimmt die Maschine ihre Probefahrt von Meidling nach Mödling; auf dem 11,7 Kilometer langen Abschnitt erreicht sie die Höchstgeschwindigkeit von 120 km/h.

**LINKS Im März 1912 wird 109.14 von der Südbahn abgenommen; hier das Protokoll**

**So sieht die Reihe 109 zu Zeiten der BBÖ aus; im Bild eine Schwesterlok der 209.14, die 209.40, in Wien West** Slg. T. Wunschel (4)

Die letzte Einsatzphase absolviert 109.14 als 38.4102 bei den ÖBB. Das Bild zeigt die 2'C-Lok neben 253.7140 in Amstetten; die Aufnahme muss zwischen August 1955 und Herbst 1957 entstanden sein, denn die 38.4102 trägt kein „T" mehr, aber auch noch nicht den Flachschornstein

Es gibt keine Probleme, sodass die Abnahmekommission der Südbahn die Lok als 109.14 einreiht und ihr „für den öffentlichen Zugförderungsdienst ... den Benützungskonsens" erteilt.

## Von der Südbahn zu den ÖBB

Insgesamt 52 Jahre bleibt die Schnellzuglok im Einsatz und erlebt dabei eine Zeit des Wandels. Sie fährt für fünf Bahnverwaltungen und wechselt viermal den Besitzer. Aus der 109.14 der Südbahn wird nach 1918 die 209.14 der BBÖ; nach dem „Anschluss" 1938 fährt sie als 38 4102 der Deutschen Reichsbahn, ab 1945 als russische Beutelok mit der Nummer T38 4102 für ÖStB und ÖBB (T = Trofeja). Mit Inkrafttreten des Staatsvertrags am 27. Juli 1955 wird die Lok als 38.4102 Eigentum der ÖBB.
Das Betriebsbuch der 109.14 nennt folgende Dienststationen:

- April 1921 Zuweisung zur Bundesbahndirektion Wien Nordost
- September 1937 Graz
- April 1941 bis Februar 1942 Graz
- Februar 1942 bis Juli 1942 Lundenburg (für Korridorzüge von Wien nach Berlin und Ostpreußen durch das Protektorat Böhmen-Mähren)
- Juli 1942 bis August 1942 Marburg (Drau)
- August 1942 bis Juli 1943 Lundenburg (siehe oben)
- Juli 1943 bis November 1944 Wien Süd
- November 1945 Wien Süd
- April 1947 bis Mai 1950 Wien Ost
- Juli 1955 bis zur Ausmusterung 1961 Amstetten; von hier aus kommt die Lokomotive auf der Gesäusestrecke zum Einsatz.

Am 3. Oktober 1957 erhält die Maschine einen Giesl-Ejektor, letzte Fahrten absolviert sie im Dezember 1964.
Die 109.14 bleibt nicht der Nachwelt erhalten. Doch zeugen die Museumsloks 109.13 (Österreich), 109.109 (Ungarn) und 109.38 (Slowenien) noch heute von den Leistungen dieser Serie.

THOMAS WUNSCHEL

Die Deutsche Reichsbahn ordnet die Maschinen als 38er-Unterbaureihe ein; Carl Bellingrodt hält 209.41 alias 38 4114 – eine weitere Schwesterlok der 109.14 – im Bild fest

## Der „Transalpin“ – Flaggschiff der ÖBB

# Der Star am Arlberg

*Auf Wunsch der Schweizer Nachbarn richteten die Österreichischen Bundesbahnen 1958 einen Tageszug Zürich – Wien ein. Der „Transalpin“ war etwas Besonderes und machte rasch Karriere; erst als Triebwagen, heute lokbespannt*

Mitte der 50er-Jahre erhielt Österreich von der Schweiz einen Kredit. Die Eidgenossen stellten 55 Millionen Schweizer Franken zur Verfügung, um den Bahnverkehr auf der Arlberg-Linie Bregenz –/Buchs – Feldkirch – Innsbruck zu sanieren. In Buchs (SG) schließt die Strecke an das Schweizer Eisenbahnnetz (Rheintal-Linie Rorschach – Sargans – Chur) an. Ein Manko wollten die Kreditgeber dabei auch ausräumen: Der damals schnellste Zug, der „Arlberg-Express“, benötigte für die 857 Kilometer von Wien nach Zürich 13 Stunden und 25 Minuten. Zusätzlich, so der Wunsch, sollte eine komfortable Tagesverbindung zwischen Zürich und Wien entstehen. Zur Finanzierung dieses Vorhabens waren aus dem Kredit 10 Millionen Schweizer Franken für neue Triebwagenzüge vorgesehen.

### Die erste Generation

Die Österreichischen Bundesbahnen (ÖBB) zweigten 1958 aus der laufenden Serie von Nahverkehrstriebwagen der Reihe 4030.0 vier vierteilige Einheiten ab, um mit ihnen die neue Verbindung in die Schweiz einzurichten. Die Fernverkehrsfahrzeuge erhielten die Reihenbezeichnung 4130.

Vier Motoren beschleunigten die Garnitur auf bis zu 130 km/h. Je 96 Sitzplätze standen in der 1. und 2. Klasse zur Verfügung. Die 1.-Klasse-Sitze waren mit rotem Plüsch bezogen, die 2.-Klasse-Sitze mit grünem Kunstleder. Teilweise gab es auch in der 2. Klasse die Sitzteilung 2 + 1. Ein Speisewagen fehlte; die in einer kleinen Küche im Steuerwagen zubereiteten Speisen wurden mittels Einstecktischen am Platz serviert.

Am 1. Juni 1958 feierte der Tagesfernzug in die Schweiz Premiere, und zwar auf der Strecke Wien – Zürich. Der Neuling erhielt einen prägnanten Namen: „Transalpin“. Zunächst verkehrte er von Wien über Salzburg-Aigen, Bischofshofen, Schwarzach-St. Veit, Zell am See, Kitzbühel und Wörgl nach Innsbruck; von dort nahm er den Weg über den Arlberg und weiter in die Schweiz. Um eine möglichst kurze Fahrzeit zu erreichen, wurde der Salzburger Haupt-

**Vor allem die Triebwagen-Reihe 4010 machte den „Transalpin“ Berühmt. Hier einer der Züge 1968 bei Zell am See** J. Krantz

bahnhof per Güterzugschleife umfahren; im Hauptbahnhof hätte der Zug Kopf machen müssen. Die Fahrzeit des „Transalpin“ betrug 11 Stunden, 35 Minuten – seinerzeit ein neuer Rekord. Das

**Der „Transalpin“ im Amtlichen Schweizer Kursbuch, Sommer 1967** Wunschel (o.), Slg. Krantz

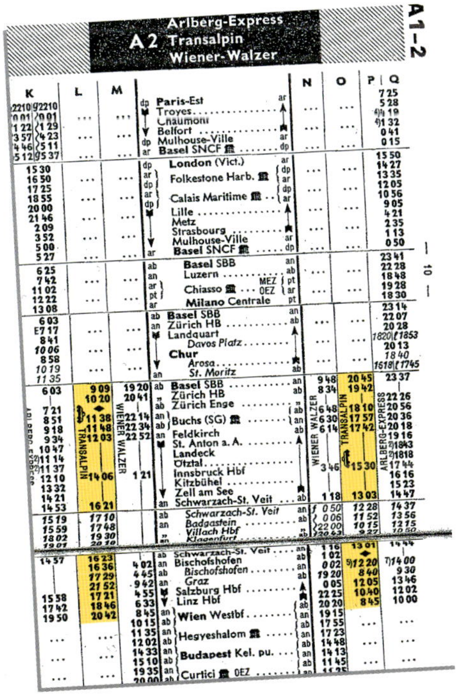

A 2 Arlberg-Express / Transalpin / Wiener-Walzer — A1–2

| K | L | M | | | | N | O | P / Q |
|---|---|---|---|---|---|---|---|---|
| 22 10 / 22 10 | ... | ... | dp | **Paris-Est** | ar | ... | ... | 7 25 |
| 0 01 / 0 01 | | | | Troyes | | | | 5 28 |
| 1 22 / 1 29 | | | | Chaumont | | | | 4) 4 19 |
| 3 57 / 4 23 | ... | ... | | Belfort | | ... | ... | 4) 1 32 |
| 4 46 / 5 11 | | | dp | Mulhouse-Ville | ar | | | 0 41 |
| 5 12 / 5 37 | ... | ... | ar | **Basel** SNCF | dp | ... | ... | 0 15 |
| 15 30 | | | dp | **London** (Vict.) | ar | | | 15 50 |
| 16 50 | ... | ... | ar | Folkestone Harb. | dp | ... | ... | 14 27 |
| 17 25 | | | dp | | ar | | | 13 35 |
| 18 55 | ... | ... | ar | Calais Maritime | dp | ... | ... | 12 05 |
| 20 00 | | | dp | | ar | | | 10 56 |
| 21 46 | ... | ... | | Lille | | ... | ... | 9 05 |
| 2 09 | | | | Metz | | | | 4 21 |
| 3 52 | ... | ... | | Strasbourg | | ... | ... | 2 35 |
| 5 00 | | | | Mulhouse-Ville | ar | | | 1 13 |
| 5 27 | ... | ... | ar | **Basel** SNCF | dp | ... | ... | 0 50 |
| 6 25 | | | ab | **Basel** SBB | an | | | 23 41 |
| 7 42 | ... | ... | an | Luzern | ab | ... | ... | 22 28 |
| 11 02 | | | ar | Chiasso MEZ | pt | | | 18 48 |
| 12 22 | ... | ... | pt | Chiasso OEZ | ar | ... | ... | 19 28 |
| 13 08 | | | ar | **Milano** Centrale | pt | | | 18 30 |
| 6 03 | | | ab | **Basel** SBB | an | | | 23 14 |
| E7 17 | ... | ... | an | Zürich HB | ab | ... | ... | 22 07 |
| 8 41 | | | | Landquart | | | | 20 28 |
| 10 06 | ... | ... | | *Davos Platz* | | ... | ... | 1820 ( 1853 |
| 8 58 | | | | **Chur** | | | | 20 13 |
| 10 19 | ... | ... | | *Arosa* | | ... | ... | 18 40 |
| 11 35 | | | an | *St. Moritz* | ab | | | 1618 ( 1745 |
| 6 03 | 9 09 | 19 20 | ab | **Basel** SBB | an | 9 48 | 20 45 | 23 37 |
| \| | 10 20 | 20 41 | „ | Zürich HB | ab | 8 34 | 19 42 | \| |
| 7 21 | ◆ | \| | ab | Zürich Enge | „ | \| | \| | 22 26 |
| 8 51 | 11 38 | 22 14 | an | Buchs (SG) | ab | 6 48 | 18 10 | 20 56 |
| 9 18 | 11 48 | 22 34 | ab | | an | 6 30 | 17 57 | 20 36 |
| 9 34 | 12 03 | 22 52 | an | Feldkirch | ab | 6 14 | 17 42 | 20 18 |
| 10 47 | \| | | | St. Anton a. A. | | | | 19 16 |
| 2) 11 14 | | | | Landeck | | | | 2) 18 43 |
| 2) 11 37 | | | | Ötztal | | | | 2) 18 18 |
| 12 10 | 14 06 | 1 21 | | Innsbruck Hbf | | 3 46 | 15 30 | 17 44 |
| 13 32 | | | | Kitzbühel | | | | 16 16 |
| 14 21 | | | | Zell am See | | | | 15 23 |
| 14 53 | 16 21 | | an | Schwarzach-St. Veit | ab | 1 18 | 13 03 | 14 47 |
| 15 19 | 17 10 | | ab | *Schwarzach-St. Veit* | an | f 0 50 | 12 28 | 14 37 |
| 15 59 | 17 48 | | an | *Badgastein* | ab | 0 06 | 11 52 | 13 56 |
| 18 02 | 19 30 | | „ | *Villach Hbf* | „ | 22 00 | 10 15 | 12 15 |
| 19 01 | 20 10 | | an | *Klagenfurt* | ab | 20 43 | 9 27 | 10 50 |
| 14 57 | 16 23 | | ab | Schwarzach-St. Veit | an | 1 16 | 13 01 | 14 44 |
| \| | 16 36 | 4 02 | an | Bischofshofen | ab | 1 02 | ◆ | \| |
| | 17 29 | 4 45 | ab | *Bischofshofen* | an | 0 02 | 5) 12 20 | 7) 14 00 |
| | 21 52 | 9 42 | an | *Graz* | ab | 19 20 | 8 40 | 9 30 |
| 15 58 | 17 21 | 4 55 | | Salzburg Hbf | | 0 05 | 12 05 | 13 46 |
| 17 42 | 18 46 | 6 33 | | Linz Hbf | ab | 22 25 | 10 40 | 12 02 |
| 19 50 | 20 42 | 8 45 | an | **Wien** Westbf | an | 20 20 | 8 45 | 10 00 |
| | | 10 15 | ab | | ab | 19 15 | | |
| ... | ... | 11 35 | an | Hegyeshalom | an | 17 55 | ... | ... |
| | | 12 02 | ab | | ab | 17 23 | | |
| ... | ... | 14 33 | an | **Budapest** Kel. pu. | an | 14 48 | ... | ... |
| | | 15 10 | ab | | ab | 14 13 | | |
| ... | ... | 19 35 | an | Curtici OEZ | an | 11 45 | ... | ... |
| | | 20 00 | ab | | [illegible] | 11 25 | | |

— 10 —

machte das neue Angebot rasch populär; 1962 verlängerte man den Zuglauf auf die Relation Wien – Basel.

Außer für den „Transalpin“ wurden die Triebwagen für die internationalen Reisezüge „Meistersinger“ (Linz – Nürnberg) und „Wörthersee“ (Klagenfurt – München) eingesetzt. Alle vier Triebwagen waren also in planmäßige Umläufe eingebunden, es gab jedoch keine Reservefahrzeuge. Bei Nicht-Verfügbarkeit eines 4130 musste ein Nahverkehrs-4030er mit Zwischenwagen 1. Klasse als „Meistersinger“ oder „Wörthersee“ fahren. Eine Ausnahme blieb der „Transalpin“, für den man ausschließlich 4130er verwendete. Das bereitete oft Schwierigkeiten, da die Garnituren zum Teil aus Klagenfurt oder Linz nach Wien zugeführt werden mussten.

## Die zweite Generation

Die Fahrzeuge erfüllten jedoch nicht die Erwartungen; der 4130 entsprach in seiner Grundkonzeption eben doch einem Nahverkehrstriebwagen. Auf den Rampen der Arlberg-Bahn (Landeck – St. Anton am Arlberg – Bludenz) wurde die elektrische Bremse schmerzlich vermisst; an den klotzgebremsten Radsätzen lösten sich die Radreifen. So gaben die ÖBB den Auftrag zu einer Neuentwicklung eines Ferntriebwagens.

Mitte der 60er-Jahre kam die Ablösung in Form des 4010. Die aus dem internationalen Dienst zurückgezogenen 4130 fuhren zunächst im nationalen Fernverkehr und wurden später für den Nahverkehr umgebaut, der 4130.002 kam 1988 zur Montafoner-Bahn (Bludenz – Schruns).

Der sechsteilige Triebwagen 4010 besaß einen Triebkopf, eigentlich eine Lokomotive mit nur einem Endführerstand sowie einem Gepäck- und Zugführer-Abteil. Wegen der Geräuschentwicklung sollten im Triebfahrzeug keine Fahrgäste mehr untergebracht werden – eine Erkenntnis, die man aus dem Betrieb der 4130er gewonnen hatte. Auf den Triebkopf folgten ein Großraumwagen 2. Klasse, ein Abteilwagen 2. Klasse, der

**Auf alten Spuren: Im Umleitungsverkehr kam der „Transalpin“ im Oktober 2003 wieder auf die Gisela-Bahn, wo er bis 1969 gefahren war**

**Die Anfangszeit mit dem 4130** Slg. C. Petersen

Speisewagen, ein Abteilwagen 1. und 2. Klasse sowie der Steuerwagen mit zwei Großraumabteilen 1. Klasse. Untereinander waren die Wagen mit einer Scharfenbergkupplung verbunden, an den Zugenden befanden sich normale Zug- und Stoßvorrichtungen.

## Innovatives Fahrzeug

Für den Triebkopf wurden möglichst viele Komponenten von vorhandenen Lokomotiven übernommen; allerdings gab es für die Fahr- und Bremssteuerung noch kein Vorbild. So kamen erstmals Thyristoren im Bremskreis zum Einsatz, die eine stufenlose Bremskraftregelung erlaubten. Eine weitere Neuentwicklung war der Einholm- oder Halbscherenstromabnehmer; diese Konstruktion wurde notwendig, weil die fahrwindgekühlten Widerstände einen Großteil des Daches benötigten. Außerdem mussten zwei Pantographen aufgesetzt werden, da in der Schweiz aus Profilgründen ein schmaleres Schleifstück erforderlich war. Auch die vier Fahrmotoren, von denen jeder eine Leistung von 625 kW entwickelt, stellten gegenüber den Loks der Reihe 1141 eine deutliche Weiterentwicklung dar, zumal sie um je 700 Kilogramm leichter waren.

Bei einer Höchstgeschwindigkeit von 150 km/h bot die Garnitur 174 Sitzplätze in der 2. Klasse, 66 Sitzplätze in der 1. Klasse und 34 Plätze im klimatisierten Speiseraum an. Mit seinen Polstersitzen in der Sitzeinteilung 2 + 1 auch im Großraumwagen 2. Klasse setzte der Zug grundsätzlich neue Maßstäbe, die später nicht mehr erreicht wurden. Damit schuf der 4010 ein völlig neues Reiseerlebnis, das ihm dauerhaften Ruhm einbrachte und den „Transalpin" noch beliebter machte. Bis heute – die Garnituren verkehren noch im Plandienst – genießen die Triebwagen in Österreich einen legendären Ruf.

Ursprünglich bestellten die ÖBB drei Triebwagen der Reihe 4010. Am Triebkopf wurde der Schriftzug „Transalpin" angebracht. Der Zug bewährte sich so gut, dass bald weitere Beschaffungen folgten; bis 1978 wurden 29 Einheiten in Dienst gestellt, von denen die meisten im Binnenverkehr fuhren.

Am 30. Mai 1965 begann der planmäßige Einsatz der Reihe 4010 beim „Transalpin". Nun hielt der Zug auch in Salzburg Hauptbahnhof. Um die Fahrt zwischen Kufstein und Salzburg zu beschleunigen, gaben die ÖBB ab dem Sommerfahrplan 1969 die innerösterreichische Linienführung auf diesem Abschnitt auf; stattdessen nutzte der „Transalpin" die DB-Strecke via Rosenheim – Freilassing als „Korridorzug"; damit verkürzte sich die Fahrzeit Zürich – Wien auf 9 Stunden 13 Minuten. Der Zug wendete nicht mehr in Salzburg, sondern in Rosenheim.

Jetzt entwickelte er sich zu einem wahren Publikumsrenner. Oftmals mussten zwei Triebwagen eingesetzt werden, um alle Reisenden aufnehmen zu können. Nachdem im Jahr 1972 auch die Platzkartenpflicht aufgehoben wurde, stiegen die Fahrgastzahlen nochmals an.

## Technische Daten der Reihen 4130 und 4010

**4130**

| | |
|---|---|
| Baujahr | 1958 |
| Hersteller | SGP-Werk Graz/Siemens |
| Stückzahl | 4 |
| Achsfolge | Bo'Bo'+2'2'+2'2'+2'2' |
| Länge | 92,4 m |
| Dienstgewicht | 181 t |
| Stundenleistung | 1.252 kW (bei 80 km/h) |
| Höchstgeschwindigkeit | 130 km/h |
| Anzahl Sitzplätze 1. Kl. | 96 |
| Anzahl Sitzplätze 2. Kl. | 96 |

**4010**

| | |
|---|---|
| Baujahre | 1965-78 |
| Hersteller | SGP-Werk Graz |
| Stückzahl | 29 |
| Achsfolge | Bo'Bo'+2'2'+2'2'+2'2'+2'2'+2'2' |
| Länge über Puffer | 149,1 m |
| Dienstgewicht | 283 t |
| Stundenleistung | 2.500 kW (bei 94 km/h) |
| Höchstgeschwindigkeit | 150 km/h |
| Anzahl Sitzplätze 1. Kl. | 66 |
| Anzahl Sitzplätze 2. Kl. | 174 |
| Anzahl Sitzplätze Speisewagen | 34 |

## Mit Lok und Wagen

Aufgrund dieser hohen Frequenzen entschlossen sich die ÖBB, den „Transalpin" mit Lokomotive und Waggons zu führen. Diese Änderung trat zum Sommerfahrplan 1977 in Kraft. Die ÖBB bestückte den Zug mit neuen RIC-Wagen, von denen sie Mitte der 70er-Jahre eine größere Anzahl bestellt hatte. In der ersten Zeit musste man den Speisewagen und die Wagen 1. Klasse noch von der Deutschen Bundesbahn leihen.

**Unterwegs durchs Salzach-Tal: ein 4010 als TS 12/13 „Transalpin", aufgenommen in den 60er-Jahren**
C. Bellingrodt/Slg. A. Knipping

Zwischen Wien Westbahnhof und Buchs (SG) wurde der „Transalpin" anfangs von Lokomotiven der Reihe 1042 in Doppeltraktion geführt. Da diese Maschinen noch keine Vielfachsteuerung besaßen, mussten man jeweils zwei Triebfahrzeugführer einsetzen. Später übernahm die Reihe 1044 diesen Dienst, wobei sie auf der Arlberg-Strecke Schubhilfe oder Vorspann bekam.

Weil die Garnitur ja in Rosenheim umfahren werden musste, verlängerte sich die Fahrzeit geringfügig. Erst, nachdem Anfang der 80er-Jahre eine Umfahrungskurve bei Rosenheim erbaut worden war, entfiel dies.

## „Transalpin" aktuell

Heute wird der Zug von einem ÖBB-Taurus (Reihe 1016/1116) gezogen. Meist leistet eine 1044 als Schublok am Arlberg Unterstützung, bisweilen fährt man die Garnitur auch in Taurus-Doppeltraktion. Nach wie vor hebt sich der „Transalpin" von den anderen Zügen auf der Strecke ab. Er führt einen Wagen mit Kinderspielecke und – als einziger neben dem EC „Maria Theresia" – einen Panoramawagen der Schweizerischen Bundesbahnen. Die enorme Länge (in Spitzenzeiten bis zu 16 Wagen) klassifiziert ihn ebenfalls als etwas Besonderes.

Auch im Fahrplan nimmt der „Transalpin" noch eine Sonderstellung ein. Zwar haben die ÖBB ihn mittlerweile in den EuroCity-Takt integriert, so dass er – anders als früher – am Arlberg Zwischenhalte einlegt. Doch ist der „Transalpin" der einzige Zug, der noch von Wien bis Basel durchfährt. Alle anderen Züge von Österreich in die Schweiz enden heute in Zürich.

M. Rabanser/H.-B. Schönborn

**links oben: Im Oktober 2000 war noch die 1044 die klassische Zuglok für den „Transalpin" (bei Braz am Arlberg); inzwischen hat der Taurus sie abgelöst** T. Wunschel

**rechts oben: Für Skitouristen bietet der Zug im Winter eine gute Verbindung zu den Pistengebieten am Arlberg (Bahnhof Langen, Febr. 2004)** MHZ

**Planmäßig läuft im Zugpaar „Transalpin" ein Panorama-Wagen der SBB mit. Damit erhalten Reisende der 1. Klasse einen faszinierenden Ausblick auf die alpine Umgebung, wie hier auf der Trisannabrücke der Arlbergbahn** T. Wuschel

# Zeitreise

## Bahnverkehr in Österreich gestern und heute

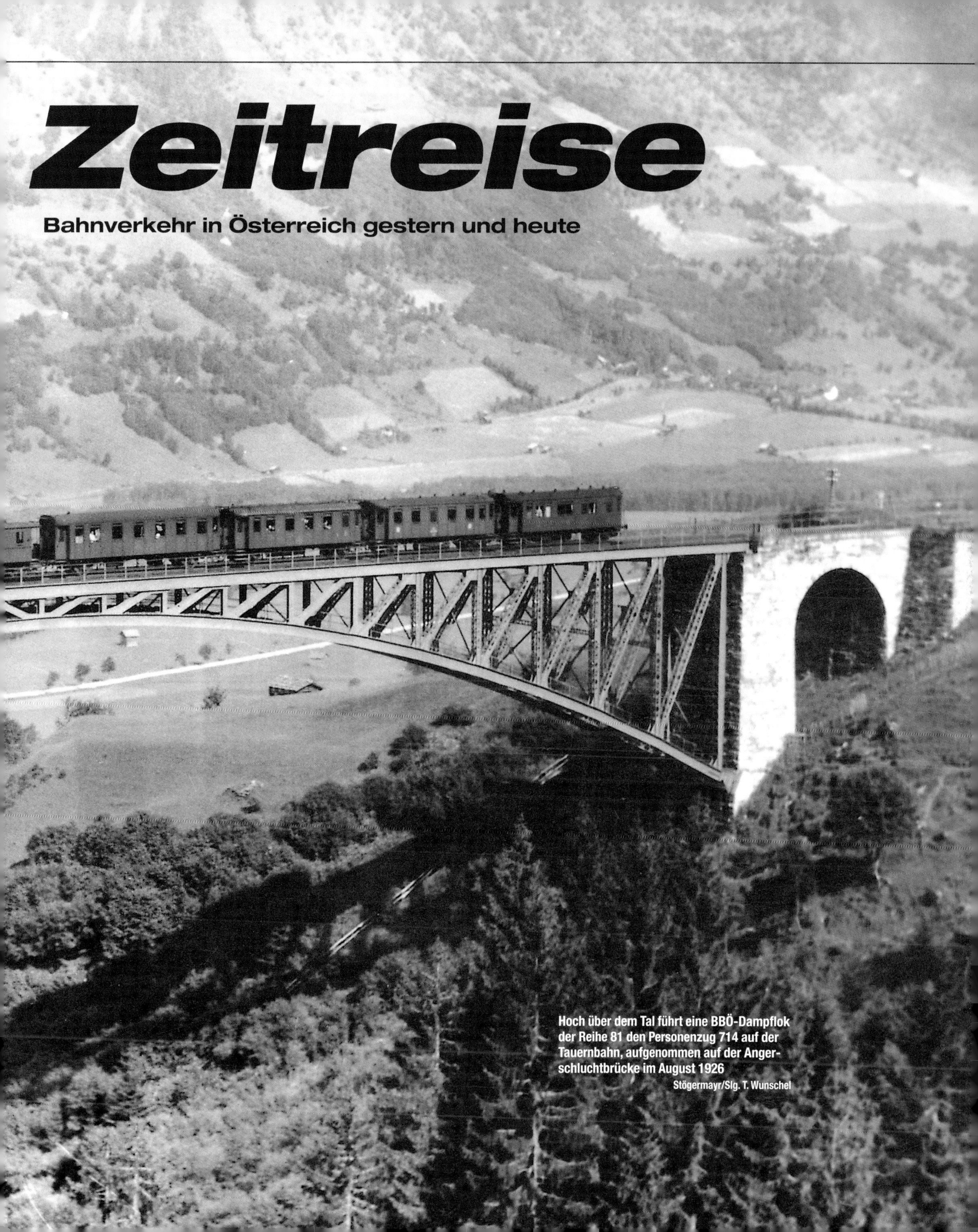

Hoch über dem Tal führt eine BBÖ-Dampflok der Reihe 81 den Personenzug 714 auf der Tauernbahn, aufgenommen auf der Angerschluchtbrücke im August 1926
Stögermayr/Slg. T. Wunschel

Zwischenstopp in Niederösterreich: 1670.03 hat 1937 den D 61 Wien – Prag – Berlin am Haken und nimmt in Schwarzenau Wasser Slg. T. Wunschel

Blick in den Wiener Südbahnhof, 30er-Jahre: Rechts fährt Lok 209.31 mit dem Nizza-Express aus, links wartet eine Maschine der Reihe 229 mit dem P 925 Slg. T. Wunschel

Der Dienst auf der Tauernbahn bedeutet anstrengende Arbeit, in diesem Fall für eine Vierzylinderlok der Reihe 380 vor einem Schnellzug auf der Bergfahrt zwischen Angertal und Badgastein (30er-Jahre) Slg. T. Wunschel

Auf der Gesäusestrecke Hieflau – Selzthal ist im Mai 1928 Lok 9.05 mit Zug 816 unterwegs: soeben macht sie in Gstatterboden Station.
Slg. T. Wunschel

2E
1189.02

Auch Österreich gehört dem Club der Krokodile an. Wie ihre Schweizer Artgenossen erinnerten die urigen Gelenk-Elloks mit den markanten Vorbauten ihre Betrachter an Reptilien und fuhren zunächst auf den elektrifizierten Alpenmagistralen. Als sie für den dortigen Schnellzugdienst zu langsam wurden, wanderten sie in den Güterzugverkehr ab W. Tausche/Slg. T. Wunschel

Auf der sommerlichen Murtalbahn ist um 1960 eine Schmalspurdampflok der Reihe U der Steiermärkischen Landesbahn unterwegs; die Aufnahme entstand vermutlich in oder bei Tamsweg Slg. T. Wunschel

Der Heizer hat kräftig aufgelegt, als die 33.103 in den frühen 60er-Jahren mit ihrem Personenzug in Bruck an der Mur hält
P. Kristl/Slg. T. Wunschel

Schmalspurbahn-Idyll in Zell am See: Hier beginnt die Pinzgaubahn nach Krimml (Juni 1960)
P. Kristl/Slg. T. Wunschel

ZILLERTALBAHN
Skipass

Im Jahr 1984 verjüngte die Zillertalbahn ihren Bestand mit Dieseltriebwagen. Im Einzelnen rückten VT 3 bis VT 8 in den Bestand, ergänzt durch die Steuerwagen VS 3 und VS 4 (bei Rotholz, Juli 2006) T. Wunschel

1042 048-7
1042 048-7

**Begegnung unter der Burg von Kufstein: Im Juli 1993 war der Einsatz einer 1042 und einer 1245 im Grenzbahnhof noch alltäglich. Heute sieht man hier vor allem den „Taurus“**
T. Wunschel

Im April 1988 trifft 1044.055 mit Expresszug 160 in Landeck ein. Wintersportler, Urlauber und sonstige Reisende haben das Gespann schon sehnsüchtig erwartet T. Wunschel

Bild rechts: Nördlich von Linz erstreckt sich das Mühlviertel, eine ländliche Region mit sanften Hügeln. So idyllisch wie die Mühlkreisbahn Linz – Urfahr – Aigenschlägl sehen Anfang der 60er-Jahre auch noch viele der dortigen Strecken aus P. Kristl/Slg. T. Wunschel

Gleich drei Loks der Baureihe 52 haben sich im September 1984 des Jubiläumszuges anlässlich „100 Jahre Arlbergbahn" angenommen. Mit vereinten Kräften schleppen sie ihn aus Landeck, unterstützt von einem Krokodil der Reihe 1189 am Ende des Zuges T. Wunschel

93.1361

Das ist die Bahngegenwart in Österreich: Der „Taurus" bevölkert die Schiene, meist – wie hier – in Diensten der ÖBB, oft aber auch im Gewand einer Privatbahn. Hier passiert eine Mehrsystemlok der Reihe 1216 Schloss Tratzberg bei Jenbach im Inntal T. Wunschel

ÖBB
1216 008-3
FERCAM

## Der Verkehrsknoten Wien

# Mittendrin und drumherum

*Die Hauptstadt des Landes ist die bedeutendste Drehscheibe im österreichischen Bahnbetrieb: für die Fernzüge, die an mehreren Kopfbahnhöfen beginnen, wie für den Ballungsraum mit seinen zwei Millionen Einwohnern*

oben: Zur k.u.k.-Zeit steht eine Lok der Reihe 108 im Wiener Franz-Josefs-Bahnhof bereit. Die Vierzylinder-Nassdampf-Maschine bespannt einen Schnellzug Slg. A. Knipping

großes Foto: Personenzugverkehr im Wien der 50er-Jahre: Im Oktober 1956 fährt 33.122 mit ihrer Garnitur aus dem Franz-Josefs-Bahnhof aus Mag. pharm. A. Luft

Die Geschichte des Bahnknotens Wien wurde von Anfang an von verschiedenen Problematiken geprägt; diese verhinderten lange Zeit sowohl die Entwicklung eines leistungsfähigen Massenverkehrs als auch eine effiziente Abwicklung des Güterverkehrs. Während das Problem „Güterverkehr" in den 1980er-Jahren durch den Bau eines Zentralverschiebebahnhofes im Südosten der Stadt weitgehend beseitigt wurde, ist das Problem „Personenverkehr" nach wie vor aktuell. Immer noch bleiben einige Strecken für den Nahverkehr ungenutzt und immer noch gilt es, Lücken im Streckennetz zu schließen, die durch Zerstörungen im Zweiten Weltkrieg entstanden.

## Kopfbahnhöfe und Verbindungen

Doch beginnen wir mit unserer Betrachtung im Jahre 1837, als die erste Dampfeisenbahnverbindung Österreichs vom Wiener Vorort Floridsdorf nach Deutsch Wagram in Betrieb genommen wurde. Für die private Kaiser-Ferdinand-Nordbahn, die im Folgejahr ihre Strecke über die Donau Richtung Wien verlängerte, stellte sich dasselbe Problem, mit dem auch alle danach folgenden Eisenbahnunternehmen zu kämpfen hatten: Die außerhalb der damals noch existierenden Stadtmauer errichteten Vorstädte waren bereits dicht verbaut. So mussten die Kopfbahnhöfe der einzelnen Strecken weit außerhalb der Stadt entstehen; sie wurden entlang des Linienwalls (einer 1704 erbauten Befestigung zum Schutze der Vorstädte, heute: Gürtel) sowie zwischen den Donauarmen in den nordöstlichen Vorstädten platziert, wobei anfangs keine Verbindung zwischen den einzelnen Strecken existierte. So entstanden 1838 der Nordbahnhof, 1841 der Südbahnhof, 1846 der Ostbahnhof, 1858 der Westbahnhof, 1870 der Franz-Josefs-Bahnhof, 1872 der Nordwestbahnhof und schließlich 1881 der Aspangbahnhof.

Bereits in den 1850er-Jahren war man bemüht, Verbindungen zwischen den einzelnen nach Wien einlaufenden Eisenbahnstrecken herzustellen. Zunächst wurde 1857-60 die Verbindungsbahn Penzing (Westbahn) – Hetzendorf – Südbahnhof – Nordbahnhof in Betrieb genommen, gefolgt 1872 von der Donauländebahn Hetzendorf – Inzersdorf – Kaiser Ebersdorf (heute: Albern Hafen) und 1876-80 von der Donauuferbahn Kaiser Ebersdorf – Donauuferbahnhof – Nußdorf. Diese Strecken wurden zwar in erster Linie für den Güterverkehr gebaut, anlässlich der Weltausstellung 1873 fuhren aber zwischen Meidling und Praterstern vorübergehend auch Personenzüge, die zwischen diesen Endpunkten nur im Bahnhof Hauptzollamt (heute: Wien Mitte) hielten. Erst nach der Errichtung mehrerer Haltestellen wurde der Betrieb auf der Verbindungsbahn 1882 wieder aufgenommen. Ab 1883 konnten die Züge dann über eine neu erbaute Schleife auch den Bahnhof Hütteldorf erreichen. Auf der Donaulände- und Donauuferbahn wur-

unten: Dienst auf der neu eingerichteten Schnellbahn im Mai 1962: Triebwagen 4030.103 beim Zwischenstopp im Bahnhof Praterstern T. Horn

ganz oben: Die Fernzüge von und nach Deutschland fahren durchweg über Wien Westbahnhof. Im Oktober 1991 hat 1042.693 den EC 63 „Bartok Bela" München – Budapest übernommen M. Beitelsmann

rechts: Die obere Halle von Wien Westbahnhof: links die Zugänge zu den Bahnsteigen, rechts geht es hinunter zur Kassenhalle W. Kaiser

de der Personenverkehr schon 1873 eingeführt, auch hier verkehrten aber fortan – wie auf der Verbindungsbahn – nur wenige Züge pro Tag.

Dass der Personenverkehr auf den Wiener Verbindungsstrecken relativ unbedeutend war, liegt daran, dass die Strecken in großem Bogen tangential um das Stadtzentrum führten und daher zur Lösung der Verkehrsprobleme nicht beitragen konnten. Was in der stark wachsenden Donaumetropole fehlte, waren leistungsfähige Radiallinien von den Außenbezirken ins Stadtzentrum.

Pläne für derartige Strecken gab es seit den Anfangstagen der Eisenbahn, sie scheiterten jedoch stets an den hohen Kosten bzw. am Einspruch einflussreicher Stellen im Zusammenhang mit ästhetischen Fragen (unschöne Hochtrassen mit Eisengerüsten, offene Einschnitte im Bereich des Ringes etc.). Wegen der dichten Verbauung mussten daher Pläne für Strecken in die Innenbezirke (ehem. Vorstädte) bald aufgegeben werden. Für den Bau von Stadtbahnstrecken kamen nur die unverbauten Flächen entlang des Wienflusses, des Donaukanals und des Linienwalls infrage. Zur Schaffung einer soliden Finanzierungsbasis gründete der Bund gemeinsam mit der Stadt Wien und dem Land Niederösterreich im Jahre 1890 die „Kommission für Wiener Verkehrsanlagen", die den Auftrag zum Bau einer Stadtbahn, zur Regulierung des Wienflusses und zum Bau von Sammelkanälen erhielt. Auch die von der Kommission vorgelegten Pläne mussten mehrmals abgeändert werden. Gebaut wurde schließlich ein Stadtbahnnetz, bestehend aus der Wientallinie (Hütteldorf – Hauptzollamt), der Donaukanallinie (Hauptzollamt – Heiligenstadt), der Gürtellinie (Heiligenstadt – Gumpendorfer Straße – Meidling Hauptstraße), der Vorortelinie (Hütteldorf – Hernals – Heiligenstadt) sowie einer

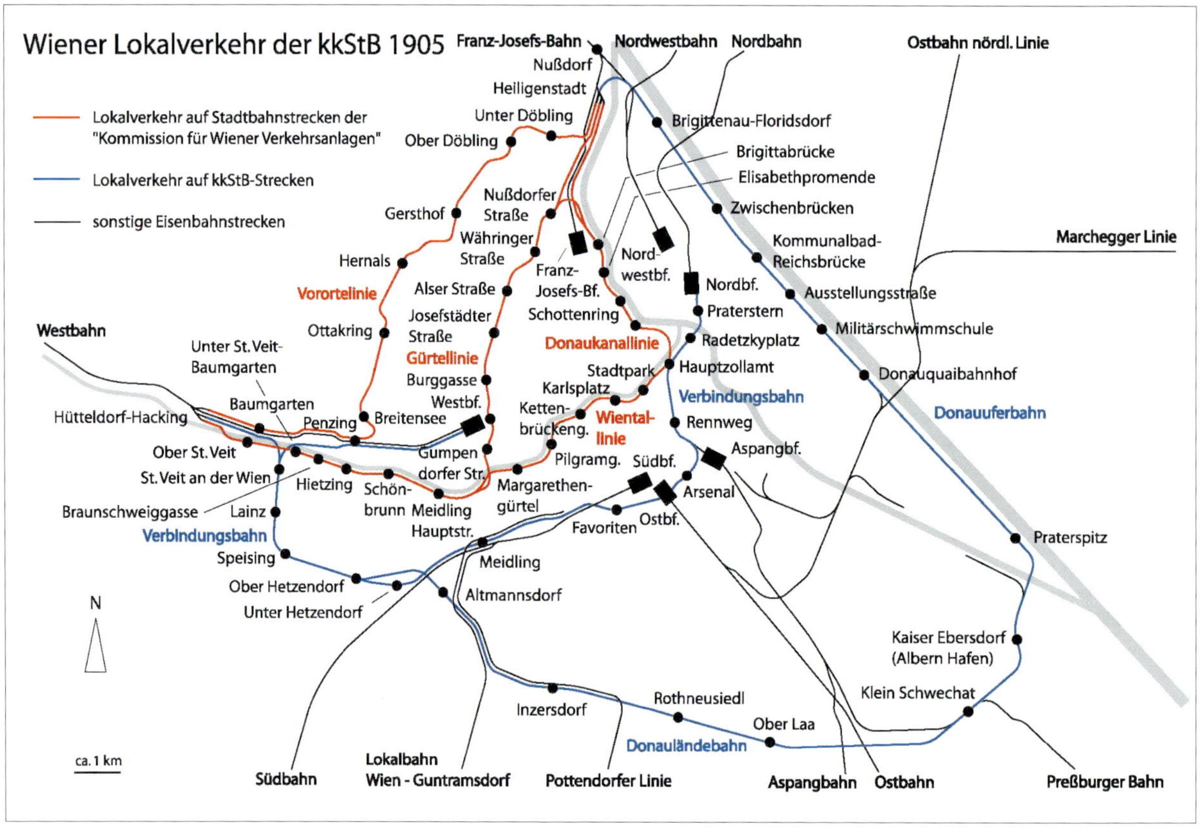


Karte: W. Kaiser

Schleife von der Haltestelle Nußdorfer Straße der Gürtellinie zur Haltestelle Brigittabrücke der Donaukanallinie.

Im Juli 1969 versorgt die Zfst. Wien Ost unter anderem eine 52er und eine 77er H. Stemmler

## Die Stadtbahn

Die Bauarbeiten für das 38 Kilometer lange und für Vollbahnbetrieb ausgelegte Stadtbahnnetz begannen im Jahre 1893. Dabei wurden die Wiental- sowie die Donaukanallinie komplett in Tieflage im bzw. neben dem Bett der regulierten Flüsse und die Gürtellinie mit Ausnahme des Bereiches Westbahnhof – Burggasse in Hochlage auf gemauerten Viadukten errichtet. Auf der Vorortelinie wechselte die Trassierung wegen des hügeligen Terrains mehrmals zwischen Hoch- und Tieflage; hier sind auch vier Tunnels zu finden. Besonders hervorzuheben ist die Umlegung des ursprünglich in Hochlage errichteten Bahnhofes Hauptzollamt der Verbindungsbahn in Tieflage. Nur so konnten die Wiental- und Donaukanallinie der Stadtbahn mit der Verbindungsbahn verknüpft werden. Zwischen Hietzing und Margaretengürtel wurde zum Bau der Wientallinie weitgehend die Trasse der südlichen Dampftramwaylinie von Krauss & Comp. (nach Ober St. Veit bzw. Mödling) benützt.

Mit den in den Jahren 1898 bis 1901 eröffneten und von den „Kaiserlich-königlichen österreichischen Staatsbahnen" (kkStB) betriebenen Stadtbahnstrecken war es nun möglich, die Westbahn, die Franz-Josefs-Bahn (beide 1884 verstaatlicht) und die private Kaiser-Ferdinand-Nordbahn (über Hauptzollamt – Verbindungsbahn) durch weitgehend zentrumsnahe Strecken zu verknüpfen und deren Kopfbahnhöfe im Lokalverkehr zu entlasten. Die kkStB beschafften für den Betrieb auf der Stadtbahn eigene, den besonderen Anforderungen gewachsene Loks (Reihe 30) und zweiachsige Personenwagen 2. und 3. Klasse. Dass die Stadtbahn mit Dampf und herkömmlichen Wagenzügen betrieben wurde, lag einerseits an der langen Planungsphase (Anfang der 1890er-Jahre waren noch keine leistungsfähigen Elektrofahrzeuge am Markt), andererseits konnten die betrieblichen Vorteile der Stadtbahn (Entlastung der Kopfbahnhöfe, Verknüpfung Westbahn – Franz-Josefs-Bahn, durchgehende Züge zum Nordbahnhof) nur bei Dampfbetrieb voll ausgeschöpft werden.

Leider war der Stadtbahn nicht der gewünschte Erfolg beschieden: Die Intervalle waren größer als auf den parallel führenden Straßenbahnlinien, ein Stadtbahnfahrschein war teurer als ein Straßenbahnfahrschein und Umsteigetarife gab es nicht. Die Stadtbahnstrecken gehörten daher zu den ersten, deren Betrieb im Ersten Weltkrieg wegen Kohlemangels eingeschränkt wurde; nach Kriegsende nahm man nur ein Rumpfnetz wieder in Betrieb.

Diese unbefriedigende Situation ließ die Gemeinde Wien die Initiative ergreifen. Im Jahre 1924 übernahm sie die Wiental-, Donaukanal- und Gürtellinie, die nach der Elektrifizierung und Adaptierung 1925 mit einem eigens beschafften, straßenbahnähnlichen Fuhrpark als „Wiener elektrische Stadtbahn" wieder in Betrieb gingen. In den Bahnhöfen Heiligenstadt, Hütteldorf und Hauptzollamt erfolgte eine komplette Abtrennung der Stadtbahngleise von den Vollbahngleisen, da ein Übergang der Züge nun nicht mehr möglich war. Die originalen Stadtbahntrassen können auch heute noch weitgehend unverändert befahren werden, und zwar mit den U-Bahn-Linien U4 (Wiental- und Donaukanallinie) und U6 (Gürtellinie).

Nicht von der Gemeinde übernommen wurde die ebenfalls zum Stadtbahnnetz zählende Vorortelinie, wo genauso wie auf den anderen Wiener Verbindungsstrecken fortan nur ein spärlicher Betrieb abgewickelt wurde, der spätestens im Zweiten Weltkrieg zum Erliegen kam. Nach Kriegsende war ein Großteil des Wiener Eisenbahnnetzes nicht benutzbar und wegen der zahlreichen zerstörten Brücken in mehrere isolierte Netzteile gespalten. Der Wiederaufbau wurde zum Anlass für eine Neuordnung des Eisenbahnverkehrs genommen. So wurden die von der Nordwestbahn kommenden Züge fortan zum Nordbahnhof geleitet und der zerstörte Nordwestbahnhof für den Personenverkehr aufgelassen.

## Neuordnung im Güterverkehr

Seit jeher wurde der Güterverkehr in Wien sehr ineffizient über zahlreiche kleine Verschiebebahnhöfe abgewickelt. Dem wollte man schon vor dem Ersten Weltkrieg durch den Bau eines Zentralverschiebebahnhofes in Breitenlee begegnen. Das Vorhaben und die damit verbundene Neuordnung des Güterverkehrs verzögerten sich jedoch durch die Kriegswirren; in den Jahren danach ließ die finanzielle Situation den Weiterbau nicht zu. Noch heute erinnert ein vom Bahnhof Süßenbrunn abzweigendes Anschlussgleis an den nie fertig gestellten Bahnhof „Breitenlee Verschiebebahnhof". Es sollten mehr als 50 Jahre verge-

unten: Auch der Dampftriebwagen 1 – wegen seines Kürzels „DT" boshaft „Dorftrottel" genannt – fuhr im Wiener Nahverkehr; hier im Juni 1959 beim Bahnhof Praterstern. Im Hintergrund die wenig später abgerissene Ruine des kriegszerstörten Nordbahnhofs Mag. pharm. A. Luft

**oben links: Leistungsfähige Tenderdampfloks nahmen bei Eröffnung der Stadtbahn den Betrieb auf** Slg. A. Knipping (2)

**oben rechts: Ein Zug der Franz-Josefs-Bahn verlässt den Bahnhof Heiligenstadt; hinten der Karl-Marx-Hof, Wiens größter Gemeindebau der 30er-Jahre**

hen, ehe unter Einbeziehung des Verschiebebahnhofes Simmering im Südosten der Stadt neuerlich der Bau eines Zentralverschiebebahnhofes in Angriff genommen wurde. Nach der Eröffnung von „Wien Zentralverschiebebahnhof" im September 1986 konnten die Verschiebebahnhöfe in Penzing (Weiterverwendung als Abstellgleise von Wien West) und Brigittenau (Rückbau der Gleisanlagen) aufgelassen und der Verschubaufwand in den anderen Güterbahnhöfen deutlich reduziert werden.

Heute stehen für den Güterverkehr noch folgende Bahnhöfe zur Verfügung:

- *Wien-Matzleinsdorf* (Stückgut-Umschlag, Zugbildung für Wiener Lokalbahnen, Fahrverschub Gemüsegroßmarkt Inzersdorf und Liesing, Güterwagen-Verwiegung),
- *Wien Nordwestbahnhof* (kombinierter Ladungsverkehr, Stückgut-Umschlag, Zugbildung für Fahrverschub Franz-Josefs-Bahn und Vorortelinie),
- *Stadlau* (Zugbildung Ölzüge und Fahrverschub Marchegger Linie, Süßenbrunn, Lobau Hafen, Anschlussbahn General Motors Austria),
- *Klein Schwechat* (Zugbildung Ölzüge und Fahrverschub Pressburgerbahn, Albern Hafen) und Donaukaibahnhof (Zugbildung Containerzüge, Fahrverschub Freudenau Hafen).

Der mit Abstand größte Wiener Kunde der ÖBB ist die OMV (Österreichische Mineralölverwaltung), die in Schwechat die einzige Raffinerie Österreichs und im Hafen Lobau ein riesiges Tanklager betreibt. Große Frachtmengen werden auch im Hafen Freudenau und am Nordwestbahnhof aufgeliefert (Container, Wechselaufbauten); die Fahrverschubzüge sammeln im Umland Wiens täglich zahlreiche Güterwagen mit Agrarprodukten.

## Die Schnellbahn erobert Wien

Zurück zum Wien der Nachkriegszeit und zu den damaligen Nahverkehrsverbindungen. Im Zuge des Wiederaufbaus wurde damals die Verbindungsbahn für den Schnellbahnverkehr vorbereitet: Neben der Errichtung von neuen Haltestellen war auch die Neutrassierung der Strecke im Bereich Südtiroler Platz – Südbahnhof erforderlich, wo im neuen „Schnellbahntunnel" zwei gleichnamige Haltestellen errichtet wurden. Am Praterstern wurden die Verbindungsbahn und die Nordbahn mittels einer neuen Hochtrasse verknüpft und der teilweise kriegszerstörte Kopfbahnhof in der Folge abgerissen. Die Eröffnung der Wiener Schnellbahn mit ihrer „Stammstrecke" Meidling – Floridsdorf am 17. Januar 1962 brachte neue Impulse im öffentlichen Nahverkehr der Bundeshauptstadt. Da auf der von den ÖBB betriebenen Schnellbahn von Anfang an ein Tarifverbund mit den Wiener Verkehrsbetrieben (WVB) bestand, eroberte sie sich bald einen festen Platz im Verkehrsgefüge der Stadt. Auch deshalb, weil sie zu jener Zeit neben der Stadtbahn der WVB das einzige übergeordnete Verkehrsmittel in Wien war; eine U-Bahn gibt es erst seit 1978. Ebenso stellte man nun wieder Direktverbindungen mit dem Umland her; die Schnellbahnzüge fuhren von Anfang an über ihre Stammstrecke hinaus bis Gänserndorf (Nordbahn), Stockerau (Nordwestbahn) und Leobersdorf (Südbahn). Im Laufe der Jahre wurde das Einzugsgebiet der Schnellbahn sukzessive erweitert. Heute reicht das Netz bis Wiener Neustadt (Südbahn), Wolfsthal (Flughafen-Schnellbahn/Pressburgerbahn), Gänserndorf (Nordbahn), Mistelbach (Ostbahn, nördliche Linie), Retz (Nordwestbahn) und Hütteldorf.

Die Einführung und Erweiterung des Schnellbahnbetriebes war und ist auch ein Motor für die Verbesserung der Infrastruktur; sei es die Elektrifizierung, der Ausbau der jeweiligen Strecken oder die Modernisierung der Bahnhöfe. Beispielsweise wurden in der jüngsten Vergangenheit die Flughafen-Schnellbahn und der Abschnitt Gerasdorf – Wolkersdorf (S 2 nach Mistelbach) zweigleisig ausgebaut. Im Hinblick auf die Verlängerung dieser Schnellbahnlinie wird zur Zeit der Abschnitt Mistelbach – Laa an der Thaya elektrifiziert; im Wie-

**Von 1987 bis Anfang 2005 fuhren 4020er auf der Wiener Vorortelinie; dann übernahmen „Talent"-Triebwagen der Reihe 4024 das Zepter (Bahnhof Gersthof, März 2005)** W. Kaiser

ner Stadtgebiet wurde auf dieser Strecke im Dezember 2004 der Schnellbahnverkehr im Abschnitt Leopoldau – Wien Süd Ostseite aufgenommen. Auf der Stammstrecke verkehren Schnellbahnen heute im unregelmäßigen 3- bis 7-Minuten-Takt, wobei die Taktfolge noch durch die seit Dezember 2003 halbstündlich verkehrenden „Durchbinder" gekürzt wird. Dabei handelt es sich um die zuvor in Wien Süd bzw. Wien Nord endenden Regionalzüge der Süd- und Nord- bzw. Nordwestbahn, die nun über die Schnellbahn-Stammstrecke verknüpft sind. Dies ergab weitere Direktverbindungen, eine Entlastung der Endbahnhöfe und eine bessere Ausnützung der Garnituren, die in der Regel aus lokbespannten Doppelstockzügen gebildet werden. Der Bahnhof Wien Nord steht seither auch nicht mehr als Ausgangs- und Endbahnhof zur Verfügung, da er im Hinblick auf die Fußball-Europameisterschaft 2008 derzeit zu einem reinen Durchgangsbahnhof mit zwei breiten Mittelbahnsteigen umgebaut wird. Auf dem vorgelagerten Gelände, das früher die Abstellgruppe, den ausgedehnten Frachtenbahnhof sowie den Traktionsstandort beherbergte, soll ein neuer Stadtteil entstehen.

Schnellbahnverkehr gibt es aber auch auf jenen Strecken, die nicht von der Stammstrecke aus erreichbar sind, so auf der Westbahn, der Ostbahn, der Franz-Josefs-Bahn sowie der Marchegger Linie. Hier verkehren die Züge ins Wiener Umland in Intervallen von 30 bis 60 Minuten. Ergänzt wird das Angebot durch die Vorortelinie (S 45, Hütteldorf – Handelskai). Sie wurde nach jahrzehntelangem Dornröschenschlaf in den 1980er-Jahren für den Schnellbahnbetrieb adaptiert; seit 31. Mai 1987 fahren die Züge hier im 15-Minuten-Takt. Eine Verlängerung bis zur neu erbauten Haltestelle Handelskai an der Donauuferbahn erfolgte 1995 im Zug der Verlängerung der U-Bahn-Linie U6 bis Floridsdorf.

Am Handelskai entstand dabei ein gemeinsames Stationsbauwerk für die Schnellbahn-Stammstrecke, die Vorortelinie und die U6. Liniennummern existieren für die Schnellbahn übrigens erst seit der Einführung des „Verkehrsverbunds Ost-Region" 1984. Die Linienbezeichnungen fanden jedoch keine Aufnahme in den täglichen Sprachgebrauch der Fahrgäste und wurden im Dezember 2005 neu geordnet: Da seither die Schnellbahnzüge aus Umlaufgründen nicht immer zwischen denselben Endpunkten pendeln, ist nun nicht mehr die Fahrtstrecke, sondern der Endpunkt für die Nummernvergabe ausschlaggebend.

## Anstehende Projekte

Obwohl Wien nun ein ausgedehntes und leistungsfähiges Schnellbahnnetz besitzt, ist noch einiges zu tun: So gibt es bis heute keinen Schnellbahnverkehr auf der Donaulände- und Donauuferbahn und ein Schnellbahnring um Wien über Vorortelinie – Verbindungsbahn – Donauländebahn – Donauuferbahn konnte bislang mangels Brücke im Bereich Albern Hafen nicht verwirklicht werden. Pläne zum Neubau der im Zweiten Weltkrieg zerstörten Brücke wurden immer wieder verschoben. Eine Entscheidung fiel dagegen kürzlich zum schon jahrelang diskutierten Zentralbahnhof, der nun ab 2007 am Gelände des heutigen Südbahnhofes entstehen soll. Dabei sollen die unter einem Dach vereinigten Kopfbahnhöfe der Süd- und Ostbahn zu einem Durchgangsbahnhof umgebaut werden, was einem völligen Neubau gleichkommt. Voraussetzung für die Inbetriebnahme dieses Bahnhofes ist die Fertigstellung des Lainzer Tunnels (Verbindung Westbahn – Meidling bzw. Donauländebahn), der – genauso wie die neue Westbahntrasse durch das Tullnerfeld – bereits in Bau ist. WOLFGANG KAISER

**oben: Wien Südbahnhof im September 1955, u.a. mit Triebwagen VT 102 und VB 1002** Mag. ph. A. Luft

**unten: Vom Umland in die Hauptstadt: Eine 1046 bringt 1993 den Eilzug von Wolfsthal nach Wien, hier auf der Schnellbahn-Stammstrecke zwischen Wien Mitte und Wien Nord** W. Kaiser

## Bahnhöfe und Traktionsstandorte

Von Wien aus **direkt erreichbare Ziele** im internationalen Fernverkehr:

**Westbahnhof:** Zürich, Basel, München, Dortmund, Hamburg, Berlin, Paris, Bratislava, Kosice, Budapest, Timisoara, Bucuresti, Sofia, Beograd, Venezia

**Südbahnhof (Südseite):** Venezia, Firenze, Roma, Ancona, Ljubljana, Zagreb, Koper, Pècs

**Südbahnhof (Ostseite):** Roma, Budapest, Bratislava, L'wow, Kiew, Praha, Cheb, Berlin, Hamburg, Warszawa, Krakòw, Moskva

**Franz-Josefs-Bahnhof:** Plzen, Ceskè Budejovice

**Traktionsstandorte in Wien**

Wien West (Elektroloks, Elektrotriebwagen)
Wien Süd (Elektroloks)
Wien Ost (Dieselloks, Dieseltriebwagen) – Verwaltung und Werkstätte in Wien Süd
Wien Nord (Museumsloks der Geschäftseinheit Erlebnisbahn)
Wien Franz-Josefs-Bahnhof (Elektrotriebwagen)
Floridsdorf (Elektrotriebwagen) Stand: 2006

■ Bahnbetrieb bei Schnee und Eis

# Der weiße Gegner

*In den Wintermonaten hat es der Zugverkehr in den Alpen mit erschwerten Bedingungen zu tun: Die kalte Jahreszeit verlangt Fahrzeugen wie Personal alles ab*

Der Winter hat den Brenner weitgehend im Griff, als Elektrolok 1822.004 mit ihrem Zug im Dezember 2000 von Steinach nach St. Jodok fährt. Der Betrieb läuft aber ohne Probleme ab G. Wagner

Spätwinter auf der Erzbergbahn: Als Lokzug faucht die 97.210 der ÖBB von Eisenerz nach Vordernberg (Aufnahme vom 29. März 1978) L. Rotthowe

Die harte Seite der kalten Jahreszeit: Nur mit Mühe kann sich die Dampfschneeschleuder der ÖBB an der Arlbergstrecke ihren Weg bahnen (Langen am Arlberg, 16. März 1939) Slg. Dr. B. Rampp

Den Kampf mit dem Schnee hat Lok 1020.13 in Hochfilzen fürs Erste gewonnen (Bild vom 2. Januar 1981). Doch bleibt die Giselabahn für den Zugverkehr passierbar? G. Wagner

Der ungewöhnliche Weihnachtsbaum: Zur Adventszeit 2005 dekorierten Eisenbahner in Selzthal die 1080.007 mit leuchtenden Girlanden (19. Dezember 2005) M. Karell

großes Foto: Ein prächtig verschneites Karwendelmassiv umrahmt im Dezember 2001 den 4020 bei der Ausfahrt aus Seefeld in Tirol. In Kürze beginnt der Abstieg gen Innsbruck M. Niedt

oben rechts: Mühsam bahnt sich die 1110 im Februar 1988 den Weg durch den Tiefschnee. Der Bahnhof von Leogang ist in dem wilden Gestöber kaum noch zu erkennen W. Kaiser

unten links: Für die einen ein Transportmittel, für die anderen Wintersport: Skifahrer und Rodler steigen am 13. März 1939 in Langen am Arlberg in den Zug Slg. Dr. B. Rampp

## ■ Die Reihe 310

# Königin der Dampfloks

*So manches Land feiert in seiner Eisenbahngeschichte eine legendäre Nummer 1 unter den Lokomotiven. Was für Bayern die S 3/6 und für Württemberg die C, verkörpert für Österreich die 310*

Ende des 19. Jahrhunderts stiegen die Schnellzuglasten in Europa binnen kurzer Zeit rapide an. Komfortablere Wagen und längere Garnituren für steigende Fahrgastzahlen schlugen mit mehr Gewicht zu Buche. War der Übergang nach 1890 von der 1B- zur 2'B-Lok schon beachtlich, so musste man nach kaum zehn Jahren schon zu neuen Achsfolgen übergehen: der 2'B1' bzw. von zwei auf drei Kuppelachsen mit der 2'C und der 1'C1'. Doch auch auf solchen fünfachsigen Laufwerken ließ sich alsbald nicht mehr die nötige Kessel- und Maschinenkraft installie-

ren, zumal Geschwindigkeiten um 100 km/h nicht mehr als Reserve, sondern als Dauerleistung verlangt wurden. Die unter solchen Anforderungen entstandene 2'C1' oder „Pazifik“ gilt als Vollendung der Dampfschnellzuglok.

## Umkehrung der „Pazifik“-Achsfolge

Österreichs Lokomotivkonstrukteure jedoch mussten manche Zwänge beachten. Anstelle von 17 oder 18 Tonnen wie in Deutschland durfte jeder Radsatz die Gleise nur mit knappen 14,5 Tonnen belasten; für die Verstärkung des Oberbaus bis ins ferne Galizien fehlte das Geld. Außerdem wurde die Eignung für Kohle mäßigen Heizwerts verlangt. Karl Gölsdorf (1861–1916) kehrte die Achsfolge der Pazifik um, begnügte sich also mit einer Vorlaufachse und verlegte das Drehgestell nach hinten, um einem voluminösen Stehkessel mit großer Feuerbüchse für schlechte Kohle Platz zu geben. Die amerikanische Literatur gab der so entstandenen 1'C2' in Abgrenzung zur Pazifik sogar den eigenständigen Namen „Adriatik“ – obwohl die 310 am wenigsten für die Route über den Semmering zum Adriahafen Triest geeignet war, sondern die Strecken nördlich und östlich von Wien befahren sollte. Die großen Niederdruckzylinder des Vier-Zylinder-Verbundtriebwerks, die riesigen Treibräder mit 2.140 Millimeter Durchmesser und der konische hintere Kesselschuss, dessen Scheitel fast ins Führerhausdach überging, gaben der Maschine ein überaus eindrucksvolles, stolzes und unverwechselbares Erscheinungsbild.

Gebaut wurden:

- 1908–10 die „Trockendampf“-Variante 210 in 11,
- 1911–15 die Heißdampfvariante 310 in 90 und
- 1918 die Ausführung 310.300 mit Brotankessel in 10 Exemplaren.

Kaum hatte die Blütezeit der „Adriatik“ vor den internationalen Luxuszügen zwischen Karlsbad, Wien und Lemberg begonnen, geriet die 310 in den Griff der Zeitgeschichte; er sollte sie in zwei Weltkriegen und mit oft wenig geeigneten Diensten auf den Teilstreckennetzen der Nachfolgestaaten des alten Österreich nie mehr loslassen. Sie fuhr nicht nur bei kkStB und BBÖ, sondern auch bei der Deutschen Reichsbahn sowie den Staatsbahnen Polens (PKP) und der Tschechoslowakei (CSD). Die ÖBB beendeten schon 1952 den Einsatz der letzten Lok der nunmehrigen Reihe 16. Immerhin kann man heute wieder ein Exemplar in Österreich im Einsatz erleben: Die 310.23 wurde 1987 als Museumslok betriebsfähig hergerichtet.

Andreas Knipping

**Paradeeinsatz für die „Adriatik“: 1936 rollt die 310.70 mit einem Schnellzug durch Rekawinkel im Wiener Wald**
Slg. A. Knipping

**kkStB/BBÖ Reihe 310, DRB 16⁰, ÖBB 16**

| | |
|---|---|
| Bauart: | 1'C2' h4v |
| Treibraddurchmesser: | 2.140 mm |
| Laufraddurchmesser: | 1.034 mm |
| Kesseldruck: | 15/16 at |
| Feuerberührte Heizfläche: | 195,55 m² |
| Zylinderdurchmesser: | 390/660 mm |
| Kolbenhub: | 720 mm |
| Dienstgewicht (o.T.): | 85 t |
| Länge über Puffer (m.T.): | 21.404 mm |
| Höchstgeschwindigkeit: | 100 km/h |

Ab 1952 gehörte der 5045 zwischen Wien und Graz/Villach zum ständigen „Repertoire“ am Semmering. Im Juni 1958 rollt TS 566 Wien – Graz über den Höllgrabenviadukt

Mag. pharm. A. Luft

■ Die Triebwagenreihe 5045/5145

# Der „Blaue Blitz“

*1952 nahmen die Dieseltriebwagen 5045/5145 den Dienst im Städteschnellverkehr auf. Fast 20 Jahre lang waren sie ein Aushängeschild der ÖBB, dann kamen sie auf Nebenbahnen*

Nach der Behebung der Kriegsschäden im österreichischen Eisenbahnnetz konnten die ÖBB Ende der 1940er-Jahre an die Einrichtung von nationalen und internationalen Städteschnellverbindungen denken. Da viele Hauptstrecken zu diesem Zeitpunkt noch nicht elektrifiziert waren, wurde die Firma SGP mit der Entwicklung eines schnellen und komfortablen Dieselschnelltriebwagens beauftragt. Erste Überlegungen für einen

Mit flacherer Kopfform fuhr der Triebwagen als „Venezia" nach Italien T. Horn

Doppelstock-Triebwagen wurden verworfen; man entschied sich zum Bau fix gekuppelter Triebwagen-Steuerwagen-Einheiten mit einer Leistung von 368 kW und 115 km/h Höchstgeschwindigkeit.

Im Jahre 1952 erhielten die ÖBB acht Garnituren, die sie als C4VT 5045.01–08 und C4VS 7045.01–08 (ab 1953: 6545.01–08) bezeichneten und die in den ersten Betriebsjahren mit Fahrausweisen 3. Klasse benutzt werden konnten. 1954 folgten Garnituren mit den Ordnungsnummern 09–12, die gemeinsam mit den anderen Zügen 1956 in B4VT und B4VS (2. Klasse) umgezeichnet wurden. Bei der Konstruktion wurden die Pläne für den Doppelstocktriebwagen so weit wie möglich übernommen; besonders war das am hohen Dachaufbau erkennbar, in dem das Kühlsystem untergebracht ist. Dort wurde mit einer Höhe von 4.575 Millimetern exakt die Grenze des damals gültigen österreichischen Lichtraumprofils erreicht.

Für die Jugoslawischen Staatsbahnen (JZ) baute SGP in Anlehnung an den 5045 in den Jahren 1956/57 vier Dieseltriebzüge, die sich durch eine größere Leistung (397 kW) und durch ein Gepäckabteil im Steuerwagen von den ÖBB-Fahrzeugen unterschieden. Da das Geschäft aber scheiterte, kauften schließlich die ÖBB 1963 die Züge. Die Trieb- und Steuerwagen wurden als B4VT 5145 und BD4VS 6645 eingereiht.

## Internationaler Ruhm

Die ersten Heimatdienststellen der von den ÖBB als „Blaue Blitze" beworbenen 5045/5145 waren die Zugförderungen Wien Süd, Graz, Villach und Linz, von wo aus sie im Städteschnellverkehr der Relationen Wien – Graz/Villach und Graz – Linz/Salzburg zum Einsatz kamen. Über die Grenzen Österreichs hinaus bekannt wurden die „Blauen Blitze" jedoch durch ihre internationalen Einsätze, wobei zunächst ab 1955 der „Steiermark-Expreß" (Graz – Salzburg – München) mit den neuen Stars der Schiene geführt wurde. Weitere internationale Einsätze setzten Umbauten sowie die Ergänzung der Züge um Zwischenwagen voraus. Wegen des eingeschränkten Lichtraumprofils in Italien mussten nämlich die Dachaufbauten der für den Einsatz beim „Venezia" (Wien – Villach – Venedig; ab 1959) bestimmten 5145 an die italienischen Normen angepasst werden (Profilkorrektur auf eine Höhe von 4.260 Millimeter); für diese und andere Verbindungen wurden auch sechs Zwischenwagen AB4Tl 7645 (Großraumwagen 1./2. Klasse) beschafft. Dreiteilige Garnituren kamen in den 60er-Jahren auch als „Miramare" (Wien – Ljubljana – Trieste) und „Wien-Budapest-Expreß" zum Einsatz. Für den Einsatz bei diesen Zügen wurden auch die Dachaufbauten der 5045.09–12 abgeflacht, was – bei gleichzeitiger Anpassung der Leistung an die 5145.01–04 – eine Umzeichnung in 5145.09–12 zur Folge hatte. Alle acht 5145 wurden außerdem mit einer Vielfachsteuerung ausgerüstet, um auch zwei in sich geschlossene Garnituren vom führenden Fahrzeug aus steuern zu können.

Ohne Zierspitz und mit drei Frontfenstern fuhr der Triebwagen in den letzten Jahren im Nahverkehr, hier im Weinviertel M. Weltner

## Verstärkung der Züge

Der Höhepunkt im Lebenslauf der „Blauen Blitze" war der Einsatz beim TS 55/54 „Vindobona" (Wien Franz-Josefs-Bahnhof – Prag – Berlin) von Mai 1962 bis Mai 1964. Da in dieser Relation keine Auflagen bezüglich des Lichtraumprofils bestanden, wurden für diese Aufgabe nur 5045 (mit hohen Dachaufbauten) herangezogen, die wegen der Zugbildung mit Triebwagen an beiden Zugenden nun auch eine Vielfachsteuerung erhielten. Um den Ansprüchen dieser hochwertigen Schnellverbindung bezüglich Komfort und Service gerecht zu werden, wurden zwei weitere Zwischenwagen mit der Bezeichnung AR4Tl 7745 (Halbspeisewagen und 1.-Klasse-Abteile) beschafft, mit denen nun vierteilige Züge in der Zusammenstellung 5045 + 7745 + 7645 + 5045 gebildet werden konnten. Aus Kapazitätsgründen kamen ab 1963 planmäßig fünfteilige Garnituren mit zwei 7645 zum Einsatz, in Ausnahmefällen konnte man den „Vindobona" aber auch dreiteilig mit nur einem zwischengereihten 7745 beobachten.

Nach dem Ende der kurzen Vindobona-Ära wurden die 7745 beim „Venezia" weiterverwendet, der sich wachsender Beliebtheit erfreute und daher oft aus fünf- oder gar sechsteiligen Garnituren mit zwei Triebköpfen gebildet wurde. Mit der Einführung des lokbespannten „Romulus" (Wien – Venezia – Roma) im Mai 1969 endete die internationale „Karriere" der 5045/5145; bereits 1970 wurden sie auch aus dem Binnenschnellverkehr verdrängt, da hier alle Hauptstrecken elektrifiziert waren. Die „Blauen Blitze" – mittlerweile komplett zu 5145 umgebaut – fanden daraufhin neue Einsatzgebiete auf den nicht elektrifizierten Nebenbahnen in Niederösterreich und im Burgenland, wo sie meist zweiteilig fuhren. Äußerliche Veränderungen gab es bei den Groß-Hauptausbesserungen (HG) ab 1977, als drei gummigefasste Stirnfenster eingebaut wurden und der charakteristische Zierspitz entfiel. Die Zwischenwagen wurden 1972/73 in reine 2.-Klasse-Großraumwagen umgebaut und dann meist bei lokbespannten Nebenbahn-Zügen verwendet. Die 7745 erhielten dabei die neue Bezeichnung 7845. Dreiteilige Garnituren gab es nochmals von Juni 1988 bis September 1993, als die 5145 nach den Streckenstilllegungen im Weinviertel auf frequenzstärkeren Strecken im südlichen Niederösterreich und im Burgenland verkehrten.

## Ausmusterung und Erhaltung

Ihre letzten planmäßigen Einsätze fuhren die betagten „Blitze" im Winterfahrplan 1995/96 auf der Strecke Mistelbach – Laa an der Thaya sowie auf den von Wien Südbahnhof (Ostseite) ausgehenden Strecken nach Marchegg, Felixdorf und Pamhagen. Die Ausmusterung der letzten Garnituren erfolgte zum 1. August 1997. Einige Exemplare konnten vor der Verschrottung gerettet werden und stehen beim Traktionsstandort Wien Ost als betriebsfähige Museumsfahrzeuge. Dies sind die Fahrzeuge 5145.11, 5145.14, 6645.02, 7645.02, 7645.06 und 7845.02 („Blitz-Bar Johanna").

Wolfgang Kaiser

### Technische Daten 5045/5145

| | |
|---|---|
| Bauart: | B'2' – dh |
| Treibraddurchmesser: | 950 mm |
| Länge über Puffer: | 21.853 mm |
| Baujahre: | 1952-57 |
| Dienstgewicht: | 49,4 t/52,7 t |
| Stundenleistung: | 368 kW/397 kW |
| Höchstgeschwindigkeit: | 115 km/h |

1042 600 zeigt im Januar 1990 noch weitgehend den „Ursprungszustand" – auch das alte ÖBB-Logo (Spitzname: „Geweih") ziert die Lok. Der Eilzug München – Innsbruck passiert gerade die Kirche von Reith/Leithen. Der nächste Halt ist Hochzirl Thomas Feldmann

## Typengalerie: Marksteine des Lokomotivbaus in Österreich

# Eigene Wege

*Ab 1840 baute Österreich eigene Lokomotiven. Manche Konstruktionen von Dampf-, Diesel- und Elektroloks künden von Mut und Innovation, andere repräsentieren guten europäischen Standard. Einige der bedeutendsten Triebfahrzeuge im Kurzporträt*

### Südliche Staatsbahn Kategorie V, später Südbahn Reihen 19–22, 28

| | |
|---|---|
| Bauart: | CB n2st/C2 n2st |
| Treibraddurchmesser: | 1.050/1.245 mm |
| Baujahre: | 1853–57 |
| Dienstgewicht: | 56 t |
| Länge über Puffer: | ca. 11.000 mm |
| Höchstgeschwindigkeit: | ca. 25 km/h |
| Stückzahl: | 68 |

Für die 25-Promille-Steigungen der Semmeringbahn konstruierte Wilhelm Engerth eine Dampflok, bei der sich der Antrieb über die drei Kuppelachsen hinaus auf die Tenderachsen erstreckte. Das Vorbild dazu hatte Maffei mit der 1851 gebauten Semmering-Wettbewerbslok BAVARIA geliefert. Die Übertragung der Maschinenkraft mit Ketten oder Zahnrädern auf die rückwärtigen Radsätze gelang jedoch nie zufriedenstellend. Alsbald entfernte man sie – und kam mit drei Kuppelachsen trotzdem bergauf. Nach dem Umbau zu regulären Drei- und Vierkupplern erreichten die Engerth-Loks am Semmering bis zu 70 Dienstjahre. (Aufn.: Slg. A. Knipping (3))

### kkStB Reihe 73, DRB $55^{57}$, ÖBB 55

| | |
|---|---|
| Bauart: | D n2 |
| Treibraddurchmesser: | 1.140 mm |
| Baujahre: | 1885–1909 |
| Dienstgewicht (o.T.): | 55 t |
| Länge über Puffer: | 16.467 |
| Höchstgeschwindigkeit: | 35 km/h |
| Stückzahl: | 453 |

Nach Privatbahn-Vorbildern ließen die kkStB für die Arlbergbahn und alsbald auch für den schweren Güterverkehr im Gesamtnetz die robusten Vierkuppler der Reihe 73 bauen. Mit Innenrahmen und Innensteuerung gab die 73 den Blick frei auf die fast vollwandigen Räder mit nur kleinen Aussparungen zur Gewichtsminderung. Die zu Beginn des Ersten Weltkrieges gültigen Militärfahrpläne Österreich-Ungarns waren noch auf die bescheidene Höchstgeschwindigkeit der damals schon 30 Jahre alten 73 abgestellt! Als Rangier- und Werkloks in mehreren Nachfolgestaaten dienten letzte Exemplare bis in die 1960er-Jahre.

### kkStB Reihe 4

| | |
|---|---|
| Bauart: | 2'B n2 |
| Treibraddurchmesser: | 1.800 mm |
| Baujahre: | 1885–96 |
| Dienstgewicht (o.T.): | 45,5 t |
| Länge über Puffer: | 15.264 mm |
| Höchstgeschwindigkeit: | 80 km/h |
| Stückzahl: | 214 |

Die typischen Schnellzugloks in Österreich außerhalb der Alpen waren im späten 19. Jahrhundert die 2'B-Loks der Reihe 4 bzw. entsprechende Privatbahn-„Verwandte“. Sie lösten die bis dahin üblichen 1B-Typen ab. Mit Außenrahmen, Allansteuerung, niedrig liegendem Kessel und 11 at Kesseldruck entsprachen sie europaweit eher konservativen Bautraditionen. Die gezeigte Lok besitzt einen Kessel der ungarischen Bauart „Brotan“, bei welcher die Feuerbüchse von Rohrbündeln umgeben ist, so dass man sich Stehbolzen erspart. In Ungarn weit verbreitet, blieb diese Variante in Österreich selten und in Deutschland fast unbekannt.

## kkStB Reihe 206, DRB $13^{1}$

Bauart: 2’B n2v
Treibraddurchmesser: 2.100 mm
Baujahre: 1903–08
Dienstgewicht (o.T.): 54,2 t
Länge über Puffer: 16.330 mm
Höchstgeschwindigkeit: 90 km/h
Stückzahl: 70

Nur 18 Jahre nach der biederen Reihe 4 sah eine Schnellzuglok in Österreich gänzlich anders aus. Konstrukteur Karl Gölsdorf hatte von einer Studienreise nach England die Anregung mitgebracht, auf eine gefällige äußere Erscheinung der Lokomotiven zu achten. Mit hoher Kessellage und gewagter Führung der Umlaufbleche wurde die 206 zu einer Lokschönheit. Bedauerlicherweise erlaubten Strecken- und Bremsverhältnisse nicht einmal die Höchstgeschwindigkeit der preußischen P 8. Fast gleichzeitig wurden 1’C1’ und 2’B1’ ähnlichen Aufbaus beschafft. Die 1’C2’h4v-Reihe 310 (siehe S. 42/43) war der Höhepunkt der Entwicklung großrädriger Schnellzugloks der Gölsdorf-Schule.

## kkStB Reihe U, DRB $99^{78}$, ÖBB 298

Bauart: C1’ n2t
Spurweite: 760 mm
Treibraddurchmesser: 800 mm
Baujahre: 1897–1913
Dienstgewicht: 24 t
Länge über Mittelpufferkupplung: 7.182 mm
Höchstgeschwindigkeit: 35 km/h
Stückzahl (kkStB u. NÖLB): 49

Die typische österreichische Schmalspurlok wurde die dreifach gekuppelte Tenderlok mit einer hinteren Laufachse, die einem großzügigen Stehkessel Raum gab. Die Verbindung der beiden letzten Radsätze zum Krauss-Helmholtz-Gestell verhalf der C1’ zu günstigen Laufeigenschaften. Haupttype wurde die U der Staatsbahn, die auch mehrere Privatbahnen mehr oder weniger verändert nachbeschafften. Abgeleitet wurden kleinere und größere Ausführungen, Verbund- und Heißdampfloks, C2’- und D1’-Typen. Heute gibt es noch mehrere betriebsfähige Museumslokomotiven.

## kkStB Reihe 80.100/900, DRB $57^{2-3/4}$, ÖBB 57/157

Bauart: E h2v/h2
Treibraddurchmesser: 1.258 mm
Baujahre: 1911–18
Dienstgewicht (o.T.): 69,4 t
Länge über Puffer: 17.280 mm
Höchstgeschwindigkeit: 50 km/h
Stückzahl: 104/208

Viele Bauarten für bessere Kurvenläufigkeit waren zu kompliziert gewesen. Erfolg hatte Karl Gölsdorf mit einem einfachen Fünfkuppler, dessen „Geheimnis“ in der Seitenbeweglichkeit der 1., 3. und 5. Achse bestand. Fest gelagert waren nur die 2. und 4. Achse; Letztere musste Treibachse sein. Später erkannte man, dass die Seitenbeweglichkeit der Endachsen genügten. Die ab 1900 gebauten E-Typen der kkStB wurden Vorbilder für die Güterzugloks mit fünf Kuppelachsen in ganz Europa. Hier vorgestellt wird die modernere Variante mit Überhitzer, die es in Verbund- und Zwillingsausführung gab. Sie fuhr noch lange nach 1945 in Österreich, Süd- und Osteuropa. (Aufnahmen: Slg. A. Knipping (4))

## Südbahn Reihe 580, DRB $58^{9}$, ÖBB 258

Bauart: 1’E h2
Treibraddurchmesser: 1.410 mm
Baujahre: 1912–22
Dienstgewicht (o.T.): 82 t
Länge über Puffer: 18.330 mm
Höchstgeschwindigkeit: 70 km/h
Stückzahl: 37

Schon 1906 gingen kkStB und alsbald auch Südbahn für den Schnellzugdienst im Gebirge zur Achsfolge 1’E über. Die zunächst gebaute 280/380 war eine Vierzylinder-Verbundlok, die erst mit Dampftrockner und dann mit Überhitzer gebaut wurde. Aus Platzgründen lagen die Zylinder in Schräglage über Lauf- und erster Kuppelachse. Deutlich moderner – und schöner – war die von der Südbahn in Auftrag gegebene 580. Mit Zwillingsmaschine und waagerecht angeordneten Zylindern zeigte sie erstmals die Grundform vieler tausend späterer 1’E – zu einer Zeit, als es solche Loks in Deutschland noch gar nicht gab. Die 580 fuhr später in Österreich und Italien, Griechenland beschaffte Nachbauten.

## BBÖ Reihe 113, DRB $33^{1}$, ÖBB 33

| | |
|---|---|
| Bauart: | 2'D h2 |
| Treibraddurchmesser: | 1.740 mm |
| Baujahre: | 1923–28 |
| Dienstgewicht (o.T.): | 85 t |
| Länge über Puffer: | 20.730 mm |
| Höchstgeschwindigkeit: | 90 km/h |
| Stückzahl: | 40 |

Nach dem Ersten Weltkrieg mussten sich die BBÖ auf gänzlich veränderte Bedingungen einstellen. Lange Flachlandstrecken gab es in Österreich nicht mehr, dafür schwere Züge auf der Westbahn. Nach dem Vorbild einer Südbahntype von 1915 ließen die BBÖ eine schwere Personenzuglok mit der Achsfolge 2'D bauen; obwohl diese Bauart ideale Proportionen von Lauf- und Triebwerk und bei hoher Kessellage eine große Feuerbüchse mit breitem Rost ermöglicht, blieb sie in Deutschland ohne Anwendung. Die 113 bewährte sich vorzüglich, arbeitete aber jahrzehntelang vor Schnellzügen an der Leistungsgrenze. Polen beschaffte fast gleiche Loks.

## BBÖ Reihe 214, DRB $12^{0}$, ÖBB 12

| | |
|---|---|
| Bauart: | 1'D2' h2 |
| Treibraddurchmesser: | 1.940 mm |
| Baujahre: | 1928–36 |
| Dienstgewicht (o.T.): | 118–124 t |
| Länge über Puffer: | 22.630 mm |
| Höchstgeschwindigkeit: | 100/120 km/h |
| Stückzahl: | 13 |

Viele Diskussionen gab es über die riesige Schnellzuglok, die 1928 ihren Dienst auf der Westbahn aufnahm. Es spricht viel für die These, dass im Vorfeld der Elektrifizierung der österreichischen Hauptbahnen eine so aufwändige Konstruktion nicht wirklich notwendig war. Mit nur 13 Exemplaren (und einer dreizylindrigen Vergleichslok 114.01) war zudem nicht einmal die Basis zur Heilung mancher Kinderkrankheiten gegeben. Innovativ und imposant war die größte Schnellzuglok Österreich dennoch, auch wenn es ab 1956 keine Verwendung mehr für sie gab. In Rumänien wurden 79 Loks nachgebaut, von denen eine heute im österreichischen Museumsbetrieb aktiv ist. (Aufnahmen: Slg. A. Knipping (3))

## BBÖ Reihe 378, DRB $93^{13}$, ÖBB 93

| | |
|---|---|
| Bauart: | 1'D1' h2t |
| Treibraddurchmesser: | 1.140 mm |
| Baujahre: | 1927–31 |
| Dienstgewicht: | 66 t |
| Länge über Puffer: | 11.960 mm |
| Höchstgeschwindigkeit: | 60 km/h |
| Stückzahl: | 167 |

Eine sehr glückliche Hand hatten kkStB und BBÖ bei der Konstruktion von Tenderloks für Nebenbahnen und für die nach 1918 in Österreich typischen kurzen Hauptbahnen. Ein voller Erfolg war zum Beispiel die kräftige 378, die auf den Nebenbahnen Niederösterreichs und der Steiermark annähernd 50 Jahre lang fuhr. Mit nur 11 Tonnen Achsdruck schonte sie zudem den Oberbau. Im Sinne der in den 20er-Jahren geforderten Sparsamkeit gab man der 378 dieselben Räder wie der uralten 73 (s.o.) und schuf außerdem eine nicht allzu sehr veränderte Variante 478 als schwere Rangierlok. Bei fast allen Dampfloks der Zwischenkriegszeit bewährte sich die in Deutschland nicht populäre Ventil-Steuerung.

## BBÖ Reihen 1100/1100.100, DRB E $89^{0/1}$, ÖBB 1089/1189

| | |
|---|---|
| Bauart: | (1'C)(C1') w4u |
| Treibraddurchmesser: | 1.350 mm |
| Länge über Puffer: | 20.350 mm |
| Baujahre: | 1923–27 |
| Dienstgewicht: | 116/118 t |
| Dauerleistung: | 1.470/1.590 kW |
| Höchstgeschw.: | 70/75 km/h |
| Stückzahl: | 7/9 |

Für den Schnellzugdienst auf der 1923–25 elektrifizierten Arlbergbahn beschafften die BBÖ eine Gebirgsschnellzuglok, deren Größe nie mehr übertroffen wurde. Floridsdorf baute den Fahrzeugteil und BBC den elektrischen Teil. Die enge Verwandtschaft zum ebenfalls von BBC entwickelten „Krokodil“ der Schweizerischen Bundesbahnen war unübersehbar. Die Ausführung mit zwei Antriebseinheiten und einer mittleren Brücke mit dem Transformator und den Führerständen erlaubte auch für die österreichischen Passstrecken die Installation ausreichender Leistung bei guter Bogenläufigkeit. Für Schnellzüge bald zu langsam, führten die „Austro-Krokodile“ noch bis 1979 Güterzüge. (Aufnahme: T. Horn)

## BBÖ Reihen 1570/1670/1670.100, DRB E $22^{0/1/2}$, ÖBB 1570/1670/1670.100

| | |
|---|---|
| Bauart: | (1A)Bo(A1) w4/8e |
| Treibraddurchmesser: | 1.350 mm |
| Länge über Puffer: | 14.100/14.460/14.684 mm |
| Baujahre: | 1925–29/32 |
| Dienstgewicht: | 94/104/112 t |
| Dauerleistung: | 1.260/1.620/2.080 kW |
| Höchstgeschw.: | 85/100/100 km/h |
| Stückzahl: | 4/29/5 |

Schon Ende der 20er-Jahre war bei Elloks der Einzelachsantrieb erforderlich, um die Geschwindigkeiten zu steigern. Originell, wenn nicht einmalig war die Ausführung einer für das Inntal geeigneten Schnellzuglok von Krauss und ÖSSW. Sie besaß senkrecht im Maschinenraum stehende Motoren, die 1670 sogar Doppelmotoren, die ihre Triebkraft über Kegelräder und Gelenkkupplungen auf die Treibachsen übertrugen. Ebenfalls bemerkenswert war die Anordnung des Laufwerks mit führenden Drehgestellen aus je einer Lauf- und einer Kuppelachse. Nach erheblichen Kinderkrankheiten im mechanischen Teil haben sich die im Betrieb nie ganz einfachen Loks letztlich bewährt. Die Letzten schieden 1983 aus.

## BBÖ Reihen 1080/1080.100, DRB E $88^{0/1}$, ÖBB 1080/1180

| | |
|---|---|
| Bauart: | E w3t |
| Treibraddurchmesser: | 1.350 mm |
| Länge über Puffer: | 12.750 mm |
| Baujahre: | 1924–25/26–29 |
| Dienstgewicht: | 77/80 t |
| Dauerleistung: | 721/948 kW |
| Höchstgeschw.: | 50 km/h |
| Stückzahl: | 19/10 |

Als Güterzuglok für den Arlberg bauten Krauss (Linz) und die Österreichischen Siemens-Schuckert Werke eine Maschine mit fünf Radsätzen in einem durchgehenden Rahmen. Die drei mittleren waren fest gelagert und wurden von je einem Motor über Tatzlager angetrieben. Kuppelstangen gaben die Kraft an die seitenbeweglichen äußeren Radsätze weiter und verhinderten außerdem das Schleudern einzelner Radsätze. Eine solche Kombination von Einzelachs- und Stangenantrieb war selten. Der ersten an Vorbauten erkennbaren Bauform folgte eine deutlich verstärkte Variante mit senkrechten Fronten. Die Loks waren teilweise mehr als 60 Jahre im Einsatz, allerdings nicht lange auf Passstrecken. (Aufn.: Slg. A. K. (2))

## BBÖ Reihen 1070/1070.100, DRB E $61^{0/1}$, ÖBB 1061/1161

| | |
|---|---|
| Bauart: | D w1u |
| Treibraddurchmesser: | 1.140 mm |
| Länge über Puffer: | 9.990/10.500 mm |
| Baujahre: | 1926/1928–32, 40–42 |
| Dienstgewicht: | 55/56 t |
| Dauerleistung: | 423/570 kW |
| Höchstgeschw.: | 40 km/h |
| Stückzahl: | 5/22 |

Weil es im Umfeld der Alpenbahnen keine Nebenbahnen mit Dampftraktion gab, konnten die BBÖ die dortigen Anlagen für den Dampflokeinsatz völlig aufgeben. Dafür musste aber der örtliche Verschub an die Ellok übergehen. Floridsdorf und AEG bauten eine robuste Maschine mit Stangenantrieb. Ähnlichkeiten mit den deutschen E 60/63 und ihren Verwandten in Schweden und der Schweiz sind unübersehbar, jedoch wählte Österreich einen Vierkuppler. Die von der Reichsbahn weiterbeschafften Loks wurden größtenteils erst 1987–93 ausgemustert – nach bis zu 67 Dienstjahren. (Foto: B. Rampp)

## BBÖ Reihen 1170.200, DRB E $45^{2}$, ÖBB 1245

| | |
|---|---|
| Bauart: | Bo'Bo' w4e |
| Treibraddurchmesser: | 1.350 mm |
| Länge über Puffer: | 12.920 mm |
| Baujahre: | 1934–40 |
| Dienstgewicht: | 81–84 t |
| Dauerleistung: | 1.328/1.460 kW |
| Höchstgeschw.: | 80 km/h |
| Stückzahl: | 41 |

Schon 1926 wagte sich ein neues Hersteller-Konsortium Wiener Neustadt und ELIN an den Bau von Elloks und schuf mit der ersten Bo'Bo' (1170, ÖBB 1045) die zukunftsfähigste Grundform. Nach der 1170.100/1145 wurde ab 1934 (inzwischen unter Beteiligung der anderen Firmen) die sehr günstig beurteilte 1170.200 gebaut, die als österreichisches Pendant zur deutschen E 44 gelten kann. Allerdings war die Kraftübertragung System Sécheron anspruchsvoller als der schlichte Tatzantrieb der E 44. Ein Teil der Loks hatte Widerstandsbremse. Diese und weitere Änderungen lassen die Loks jener Familie so unterschiedlich aussehen, dass die Zuordnung zu einer Gattung nicht immer leicht fällt. (Aufnahme: W. Kaiser)

## BBÖ Reihe VT 41, DRB VT 880-889, ÖBB 5041

| | |
|---|---|
| Bauart: | Bo'2' de |
| Treibraddurchmesser: | 830 mm |
| Länge über Puffer: | 16.520 mm |
| Baujahr: | 1933 |
| Dienstgewicht: | 39 t |
| Sitzplätze: | 64 |
| Leistung: | 118 kW |
| Höchstgeschw.: | 80 km/h |
| Stückzahl: | 10 |

Wie in anderen Ländern lehnte sich die Entwicklung des Motortriebwagens auch in Österreich zunächst zu eng an Vorbilder aus dem Straßenverkehr an. Die Fahrzeuge dieser Periode waren zu leicht gebaut und teilweise nur in einer Richtung einsetzbar. Der erste wirklich erfolgreiche VT war der auch äußerlich ansprechende dieselelektrische VT 41 mit Fahrzeugteil und Motor aus Simmering und Kraftübertragung von einem Konsortium der Elektroindustrie. Im Nebenbahnbetrieb waren die Triebwagen bis Mitte der 70er-Jahre im Einsatz. Ein vergrößerter und verstärkter VT 42, nachmals 5042, hielt sich teilweise bis 1989. (Fotos: A.K./Slg. A.K.)

## ÖBB Reihe 4061 (ab 1976: Reihe 1046)

| | |
|---|---|
| Bauart: | Bo'Bo' – w4e |
| Treibraddurchmesser: | 1.040 mm |
| Länge über Puffer: | 16.170 mm |
| Baujahre: | 1956-59 |
| Dienstgewicht: | 67 t |
| Dauerleistung: | 1.400 kW |
| Höchstgeschw.: | 125 km/h |
| Stückzahl: | 25 |

Für die geplante Einführung von Städteschnellzügen mit leichten Reisezugwagen beschafften die ÖBB 1956-59 insgesamt 25 Lokomotiven, die wegen ihres Gepäckabteils als Triebwagen eingestuft wurden und die Bezeichnung 4061 erhielten. Da das Konzept „Städteschnellzug" schließlich mit Triebzügen (Reihe 4010) umgesetzt wurde und sich die 4061 für längere Schnellzüge als zu schwach erwiesen, wurden sie bald nur noch in untergeordneten Diensten eingesetzt. Da das Gepäckabteil nicht verwendet wurde, erfolgte 1976 die Umzeichnung zur Reihe 1046. Ab 1988 erhielten 13 Lokomotiven einen völlig neuen Kasten ohne Gepäckabteil, die komplette Ausmusterung der Reihe erfolgte aber dennoch bis 2003.

## ÖBB Reihen 1042/1042.500

| | |
|---|---|
| Bauart: | Bo'Bo' w4e |
| Treibraddurchmesser: | 1.250 mm |
| Länge über Puffer: | 16.220 mm |
| Baujahre: | 1963–77 |
| Dienstgewicht: | 84/82 t |
| Dauerleistung: | 3.600/3.808 kW |
| Höchstgeschw.: | 130/150 km/h |
| Stückzahl: | 60/197 |

Die zügige Elektrifizierung ab den 50er-Jahren und das zunehmende Alter der Vorkriegstypen erforderten eine neue „Hochleistungs"-Ellok in großer Stückzahl. Es entstand eine Maschine der Bauart Bo'Bo'. Mit Achslagerführungen und Bremssteuerung nach Schweizer Patenten, Gummiringfederantrieb nach DB-Muster sowie elektrischen Komponenten aller österreichischen Hersteller entsprach die 1042 hohem internationalem Niveau. Nach unterschiedlich ausgerüsteten 1042.01–60 und 501–520 folgte (nach einer Nummernlücke) die vereinheitlichte Großserie ab 531 mit Widerstandbremse. Ende der 70er-Jahre wurde sie von der 1044 verdrängt, heute steht sie im Schatten des „Taurus". (Foto: Sieger)

## ÖBB Reihen 1010/1110

| | |
|---|---|
| Bauart: | Co'Co' w6e |
| Treibraddurchmesser: | 1.300 mm |
| Länge über Puffer: | 17.860 mm |
| Baujahre: | 1955–60 |
| Dienstgewicht: | 106–111 t |
| Dauerleistung: | 3.744 kW |
| Höchstgeschw.: | 130/110 km/h |
| Stückzahl: | 20/30 |

Nach 1945 wurden die meisten Schnellzüge der Alpenbahnen von der in Österreich verbliebenen bzw. dort nachgebauten deutschen E 94 geführt. Für die Westbahn standen nur einige E 18 zur Verfügung. Nach einigen recht bescheiden ausgelegten Bo'Bo'-Typen war eine neue Lokgeneration für höchste Anforderungen überfällig. Die ÖBB entschieden sich für einen BBC-Vorschlag in Anlehnung an die Ae 6/6 der SBB. Wegen der verschiedenen Anforderungsprofile in den Alpen und auf der Westbahn wurden bei SGP und BBC zwei Varianten mit unterschiedlichen Zahnradübersetzungen bestellt. Mehr als 40 Jahre lang prägten die schweren Sechsachser den Betrieb zwischen Rheintal und Karawankentunnel. (Foto: W. Kaiser)

## ÖBB Reihe 4030/4130

Bauart: Bo'Bo' – w4e
Treibraddurchmesser: 940 mm
Baujahre: 1958-75
Dienstgewicht: 57 t (4030.2)/65 t (4030.0, .1, .3)/69 t (4130)
Länge über Puffer: 23.500 mm
Dauerleistung: 900 kW/1.120 kW
Höchstgeschw.: 100 km/h bzw. 130 km/h

Für den Nahverkehr in Wien, Unterkärnten, Tirol und Vorarlberg beschafften die ÖBB 1956-60 insgesamt 22 vierteilige Triebzüge, bestehend aus Triebwagen (4030.01-22), zwei Zwischenwagen (7030) und Steuerwagen (6030). Davon abgeleitet wurden die schnelleren und komfortableren Triebzüge 4130 für den „Transalpin". Für die Wiener Schnellbahn folgten 1960 vier 4030 mit automatischen Türen (4030.101-104) sowie 1961-75 insgesamt 46 Züge in leichterer, dreiteiliger Ausführung (4030.201-246). 1969-82 glich man die 4030.0 an die 4030.2 an (automatische Türen, Vielfachsteuerung); sie fuhren nun als 4030.301-322. Die letzten 4030 wurden zum Ende 2004 ausgemustert, die 4130 fuhren im Nahverkehr bis 1998. (Aufnahmen: W. Kaiser (2))

## ÖBB Reihe 2043/2143

Bauart: B'B' – dh
Treibraddurchmesser: 950 mm
Baujahre: 1964-77
Dienstgewicht: 65 t (2143.01-33)/67 t (2043.01-34; 2143.34.77)/ 68 t (2043.35-77)
Länge über Puffer: 15.760 mm
Motorleistung: 1.104 kW/1.115 kW
Höchstgeschw.: 110 km/h

Als Ersatz für die Nebenbahn-Dampfloks beschafften die ÖBB ab 1964 eine große Serie von Einheitsdiesselloks in der Leistungsklasse von 1.100 kW. Die 152 Maschinen entstanden bei den Firmen Jenbacher und SGP. Trotz annähernd gleichen Aussehens gibt es zwischen 2043 und 2143 zahlreiche Unterschiede, insbesondere in der Motorisierung (2043 – Zweitakter, 2143 – Viertakter). Die 2143 ab der Ordnungsnummer 34 besitzen eine Vielfachsteuerung und können als Tandem eingesetzt werden. Jahrzehntelang fuhren die 2043/2143 auch im schweren Güterverkehr und wurden erst ab 2002 von der Reihe 2016 verdrängt. Die meisten Loks sind noch vorhanden; sie stehen vornehmlich für Bauzugeinsätze bereit.

## ÖBB Reihe 4010

Bauart: Bo'Bo' – w4e
Treibraddurchmesser: 1.145 mm
Baujahre: 1965-78
Dienstgewicht: 72 t
Länge über Puffer: 16.820 mm
Dauerleistung: 2.265 kW
Höchstgeschw.: 150 km/h

Für den Paradezug „Transalpin" (Wien West – Basel) wurden 1965 drei sechsteilige Triebzüge gebaut. Sie bestehen aus Triebkopf (4010), drei Zwischenwagen (7010, 7110, 7110.1), Speisewagen (7310.0) und Steuerwagen (6010). Bis 1978 nahmen die ÖBB für inländische Städteschnellverbindungen weitere 26 Triebzüge (4010.04-29) in Betrieb. Der Einsatz beim „Transalpin" endete 1977, von 1991 bis 1996 kam der 4010 als EC „Johannes Kepler" (Linz – Frankfurt) und „Max Reinhardt" (Wien – München) wieder ins Ausland. Dafür wurden 4010.022-025 klimatisiert. Die noch vorhandenen 18 Garnituren fahren die von Graz ausgehenden InterCity-Züge, sie stehen aber kurz vor ihrem Einsatzende.

## ÖBB Reihe 1043

Bauart: Bo'Bo' – w4e
Treibraddurchmesser: 1.300 mm
Baujahre: 1971-73
Dienstgewicht: 77 t (1043.01-03)/83 t (1043.04-10)
Länge über Puffer: 15.580 mm
Dauerleistung: 3.600 kW (1043.01-04)/4.000 kW (1043.05-10)
Höchstgeschw.: 135 km/h

Ende der 1960er-Jahre gingen in Schweden mit der Baureihe Rc2 die ersten thyristorgesteuerten Elektroloks in Betrieb. Da diese Technik eine beachtliche Leistungssteigerung gegenüber herkömmlichen Wechselstromloks bringt, testeten die ÖBB 1970 eine derartige Lok auf der Südbahn und beschafften schließlich bei ASEA zehn Maschinen für den Einsatz auf der Tauernbahn. Ab der Ordnungsnummer 04 wurde den Loks eine Gleichstrom-Widerstandsbremse mit 2.400 kW Dauerleistung eingebaut. Die Loks waren stets in Villach beheimatet und wurden Ende 2001 nach Schweden verkauft. (Aufn.: T. Horn (l., 4010), W. Kaiser (1043))

## ÖBB Reihe 4020

| | |
|---|---|
| Bauart: | Bo'Bo' – w4e |
| Treibraddurchmesser: | 950 mm |
| Baujahre: | 1979-87 |
| Dienstgewicht: | 64 t |
| Länge über Puffer: | 23.300 mm |
| Dauerleistung: | 1.200 kW |
| Höchstgeschw.: | 120 km/h |

Als Ersatz für die 4030 im Wiener Schnellbahnverkehr sowie für Angebotserweiterungen beschafften die ÖBB 1978-87 insgesamt 120 dreiteilige, thyristorgesteuerte Triebzüge, bestehend aus Triebwagen (4020), Zwischenwagen (7020) und Steuerwagen (6020). Mit diesen Fahrzeugen wurde lange Zeit auch der Nahverkehr in Tirol, Vorarlberg sowie im Großraum Linz abgewickelt. Heute sind alle 119 vorhandenen Garnituren im Großraum Wien konzentriert, wobei sie nun auch den Regionalverkehr am Semmering bestreiten. Seit 2002 werden die 4020 sukzessive mit Notbremsüberbrückung (NBÜ) ausgestattet und – bei gleich bleibender Endnummer – in 4020.201…320 umgezeichnet. (Aufn.: W. Kaiser (4))

## ÖBB Reihe 1063/1163

| | |
|---|---|
| Bauart: | Bo'Bo' – w4e |
| Treibraddurchmesser: | 1.145 mm |
| Baujahre: | 1983-91/1994-95 |
| Dienstgewicht: | 82 t/80,5 t |
| Länge über Puffer: | 15.600 mm/16.400 mm |
| Dauerleistung: | 1.520 kW/1.560 kW |
| Höchstgeschw.: | 100/120 km/h |

Mit den 50 Drehstromloks der Reihe 1063 wurde erstmals seit 1955 eine größere Serie neuer elektrischer Verschubloks beschafft, die auch für den Einsatz vor schweren Güterzügen und Regionalzügen geeignet sind. 1063.001 – 037 erhielten für den Verkehr zum tschechischen Grenzbahnhof Breclav (Nordbahn) auch eine elektrische Ausrüstung für das dort übliche 25 kV/50 Hz-Stromsystem. 1994/95 entstand die Nachfolgeserie 1163.001 – 020, wiederum mit Mittelführerstand. Ansonsten unterscheiden sich diese Einsystemloks aber äußerlich und technisch erheblich von den Vorgängern; so haben sie schmalere Vorbauten für eine bessere Sicht des Lokführers und eine elektrische Nutzbremse statt der Widerstandsbremse.

## ÖBB Reihe 1014/1114

| | |
|---|---|
| Bauart: | Bo'Bo' – w4e |
| Treibraddurchmesser: | 1.100 mm |
| Baujahre: | 1993-94 |
| Dienstgewicht: | 74 t/66 t |
| Länge über Puffer: | 17.500 mm |
| Dauerleistung: | 3.000 kW |
| Höchstgeschw.: | 160 km/h |

Eine für 1995 geplante Weltausstellung in Wien und Budapest sowie die geplante Einführung von lokbespannten Wendezügen mit Neigetechnik führten zum Bau der Drehstromloks 1014.001 – 016 (mit Ballastgewicht) und 1114.017 – 018 (ohne Ballastgewicht). Da beide Projekte scheiterten und nur wenige Loks für den Schnellzugverkehr nach Budapest benötigt wurden, verwendete man die Maschinen zunächst oft zweckentfremdet für schwere Güterzüge auf der Nordbahn. 1997 fand sich dann ein passendes Einsatzgebiet: Seither fahren die Loks Wendezüge im Ballungsraum Wien/Niederösterreich/Nordburgenland. 1999 wurden die beiden 1114 nach Einbau eines Ballastgewichtes in 1014.017 – 018 umbenannt.

## ÖBB Reihe 2016

| | |
|---|---|
| Bauart: | Bo'Bo' – de |
| Treibraddurchmesser: | 1.100 mm |
| Baujahre: | 2002-04 |
| Dienstgewicht: | 80 t |
| Länge über Puffer: | 19.275 mm |
| Motorleistung: | 2.000 kW |
| Höchstgeschw.: | 140 km/h |

Bis Ende der 1990er-Jahre waren die 2043, 2143 und 2050 die stärksten Dieselloks der ÖBB. Da es im Netz zahlreiche steigungsreiche Strecken mit hohem Frachtaufkommen gibt, wurden diese Loks jahrzehntelang überbeansprucht und waren daher entsprechend abgewirtschaftet. Abhilfe kam mit den 2.000 kW starken dieselelektrischen Loks 2016.001 – 100 aus der EuroRunner-Familie von Siemens. Sie sind seit kurzem bei den Traktionsstandorten Wels, Wiener Neustadt, Graz und Villach im Einsatz und haben ihre Vorgänger weitgehend aus dem Streckendienst verdrängt.

## ÖBB Reihe 4023/4024

| | |
|---|---|
| Bauart: | Bo'2'2'Bo' – w4e/Bo'2'(2')2'Bo' – w4e |
| Treibraddurchmesser: | 760 mm |
| Baujahre: | 2003/2003– |
| Dienstgewicht: | 96 t/112 t |
| Länge über Kuppl.: | 52.120 mm/66.870 mm |
| Dauerleistung: | 1.440 kW/1.520 kW |
| Höchstgeschw.: | 120 km/h/140 km/h |

Jahrelang diskutierte man bei den ÖBB über die Ablösung der 4030 und den Kauf von Niederflurfahrzeugen für den Schnellbahnverkehr. Seit 2003 beschaffen die ÖBB mit finanzieller Beteiligung der Länder elektrische Triebwagen der Bauart „Talent" von Bombardier. Trotz der Niederflurbauweise gibt es im Fahrgastraum Stufen im Bereich der nicht angetriebenen Jacobs-Drehgestelle. Während die dreiteiligen 4023.001 – 011 allein im Großraum Salzburg fahren, verkehren die vierteiligen 4024 mittlerweile in Wien, Niederösterreich, Steiermark, Salzburg, Tirol und Vorarlberg. Insgesamt wurden 160 Triebzüge bestellt, wobei 20 auch eine Ausrüstung für das 25 kV/50 Hz-System erhalten. (Aufnahme: W. Kaiser)

## ÖBB Reihe 1044/1144

| | |
|---|---|
| Bauart: | Bo'Bo' – w4e |
| Treibraddurchmesser: | 1.300 mm |
| Baujahre: | 1974-95 |
| Dienstgewicht: | 84 t |
| Länge über Puffer: | 16.000 mm |
| Dauerleistung: | 5.280 kW |
| Höchstgeschw.: | 160 km/h |

Nach Versuchen mit der 1043 bauten SGP und BBC/ELIN/Siemens 1974 zwei Prototypen einer neuen Universallok in Thyristortechnik. Die 1044 bewährte sich im Schnell- wie im Güterzugverkehr, konnte sie doch die selben Tonnagen wie die 1010/1110 und 1020 über die Alpen befördern. Die Serienloks entstanden ab 1977, wobei man ab 1044.071 höhere Düsenlüfter im Dachbereich einbaute. Ab 1990 entstanden die Loks der Serie 201 – 290 mit optimierten Drehgestellen. Diese sowie die 1044.200 (aufgebaute Unfalllok 1044.051) erhielten 2002 bis 2005 Wendezug- und Vielfachsteuerung und werden nun als 1144 bezeichnet. (Bild: S. 96/97)

## ÖBB Reihe 1016/1116/1216

| | |
|---|---|
| Bauart: | Bo'Bo' – w4e |
| Treibraddurchmesser: | 1.150 mm |
| Baujahre: | 1999-2001/1999-2006/2005-2007 |
| Dienstgewicht: | 86 t/86 t/87 t |
| Länge über Puffer: | 19.280 mm/19.280 mm/19.580 mm |
| Dauerleistung: | 6.400 kW/6.400 kW/6.000 kW |
| Höchstgeschw.: | 230 km/h/230 km/h/200 km/h |

Die notwendige Erneuerung des Lokbestands, der Bedarf an schnellen Loks für die Neubauabschnitte der Westbahn sowie die geplante Gründung eines Lokpools veranlassten die ÖBB 1997-99 zur Bestellung von 400 Maschinen aus der Eurosprinter-Familie von Siemens. Die zuerst gelieferten 1016.001 – 050 fahren nur mit 15 kV/16,7 Hz, die 1116 ist auch für das 25 kV/50 Hz-Netz Ungarns und Tschechiens geeignet. Da der Bedarf nach Gründung eines Siemens-Lokpools gesunken ist, werden ab 2006 statt 68 Loks 1116.283 – 350 die Dreisystemloks 1216.001 – 050 geliefert. Sie sind auch für das 3-kV-Gleichstromnetz in Italien und Slowenien eingerichtet. Drei Prototypen sind seit Sommer 2005 im Test. (Bild: S. 32 o.)

**Sonderzug für die Festgäste zur Inbetriebnahme des Zugleitbetriebs Mittenwaldbahn mit 1116.086 (bei Seefeld, 13. Oktober 2003)**

**M. Nicolt**

TEXTE/TABELLEN: ANDREAS KNIPPING/WOLFGANG KAISER

Die Strecke zum Erzberg

# Bahn fürs Eisen

*1891 wurde die Strecke Erzberg – Vordernberg eröffnet. Österreichs steilste Normalspurlinie erschloss große Eisenvorkommen und erhielt drei spezielle Dampfloktypen*

Österreich ist nicht nur das Land der Berge, der Kunst und der Gastronomie, es ist auch ein Land des Bergbaus. Der steirische Erzberg oberhalb des Präbichlpasses besitzt das größte Spateisenvorkommen der Welt; der Abbau ist seit mindestens 3.000 Jahren nachweisbar und hat den einst 1.532 Meter hohen Gipfel schon fast 100 Meter Höhe gekostet.

Mit der Eisenbahn bot sich ein geeignetes Verkehrsmittel, um den Rohstoff in größeren Mengen abzutransportieren. 1872 erschloss die Südbahn mit der Stichbahn Leoben – Vordernberg, 1873 die Rudolfsbahn mit der entgegenkommenden Bahn Hieflau – Eisenerz das Gebiet. Noch fehlte die Verbindung über den Pass. Sie wurde 1891 eröffnet: Die Erzbergbahn war entstanden. Die kkStB wählten dabei das Prinzip des kombinierten Zahnrad- und Reibungsbetriebes. Zwischen einigen im Reibungsbetrieb befahrbaren flacheren Abschnitten baute man insgesamt sechs Zahnstangenabschnitte des Systems Abt, um auf der Südrampe 70,3 und auf der Nordrampe 71 Promille Steigung zu meistern.

## Von C1' bis 1'F1'

Die Wiener Lokfabrik Floridsdorf baute von 1890 bis 1908 hierfür 18 Tenderlokomotiven mit der Achsfolge C1'. Die beiden voneinander unabhängigen Zwillingstriebwerke arbeiteten außen auf die drei Kuppelachsen und innen auf zwei Zahnräder. Die Loks (Reihe 69, ÖBB 97) konnten 210 Tonnen mit 11 km/h bergwärts bringen. Üblich war es, mit zwei Maschinen Züge aus 20 zweiachsigen Erzwagen leer mit 185 Tonnen bergauf und beladen mit 580 Tonnen bergab zu bringen. Die Loks haben sich in über 80 Jahren Dienstzeit bestens bewährt und erhielten 1956 sogar noch den Giesl-Flachejektor.

**LINKS 97.210 nimmt in Vordernberg Markt Anlauf, um den Leergüterzug zum Erzberg zu bringen. Von der Dampffahne verdeckt, hilft die Schublok 97.204 am Zugende** D. Lindenblatt

**Personenverkehr auf der Erzbergbahn im September 1964: Lok 97.209 hat den aus zwei Wagen bestehenden Zug 5005 übernommen (Bild im Bahnhof Vordernberg)** T. Horn

**Als Verstärkung für die Reihe 69 (spätere 97) entstand 1912 die Reihe 269 (spätere 197). Ein Gespann aus 69 und 269 konnte 760-Tonnen-Züge bergwärts schleppen** Slg. T. Wunschel

**Dreimal so stark wie eine 97 und noch doppelt so stark wie eine 197 war die 1942 gebaute 297. Doch das Lokmonstrum erwies sich als überdimensioniert und anfällig** Slg. H. Brinker

oben: Bis 1978 konnte man den Dampfbetrieb am Erzberg erleben – zum Schluss fuhren, wie in der Anfangszeit auch, wieder die C1'-Maschinen der Reihe 97 D. Lindenblatt

unten links: Seit 1962 war auch eine Zahnrad-Diesellok auf der Erzbergbahn im Einsatz. Sie stammte von der Firma SGP M. Weltner

unten rechts: Dampfbetrieb im Bahnhof Erzberg: Während 97.207 rangiert, ergänzt 97.201 am Wasserkran ihre Vorräte D. Lindenblatt

1911 beschloss die Alpine Montangesellschaft, die Erzförderung um 30 Prozent zu steigern. Für den Abtransport brauchte man eine Dampflok, die zusammen mit einer der C1'-Maschinen einen 26-Wagen-Zug mit 240-Tonnen-Leer- und 760-Tonnen-Bruttogewicht fördern konnte. Gölsdorf schuf die Tenderlok-Reihe 269, die mit weitgehend beibehaltenem Zahnradantrieb der 69 die Wirkung des Reibungsantriebs auf sechs Kuppelachsen verteilte. Der Kesseldruck wurde von 11 auf 13 Atmosphären angehoben. Floridsdorf baute 1912 drei solche Maschinen. Auch sie blieben in Zeiten von Monarchie, zwei Republiken und zwei Diktaturen stets auf ihrer Stammstrecke und erhielten 1956 Flachejektoren. Seit 1953 hießen sie 197.

Schon Anfang der 30er-Jahre gab es Pläne für eine zeitgemäße Heißdampflok für den Erzberg; der Niedergang der Erzabfuhr von 1,7 auf 0,4 Millionen Tonnen während der Weltwirtschaftskrise zwischen 1928 und 1931 ließ hierfür zunächst den Bedarf entfallen. Als nach dem „Anschluss" Österreichs an das Deutsche Reich in Linz die „Reichswerke Hermann Göring" errichtet wurden, die das einheimische Erz für die Rüstung nutzbar machen sollten, änderte sich die Situation schlagartig. Für die Zahnstangenfahrt von Zügen aus Vierachsern, die bis Linz durchlaufen sollten, wurden sofort die Konzepte für eine Maschine der Bauart 1'F1' aus der Schublade geholt. Sie sollte bis zu 300 Tonnen mit den streckenüblichen 11 km/h bergauf bringen. Schwellen, Schienen und Zahnstangen mussten aber den gesteigerten Lokomotivkräften erst angepasst werden.

Im Dezember 1942 waren die 97 401 und 402 und der Oberbau fertig. Schon im Februar 1943 mussten die Loks jedoch schadhaft abgestellt werden, unter anderem, weil ihre Zahnräder nicht die vorgeschriebene Härte besaßen. In Kriegs- und Nachkriegszeiten war an eine Reparatur nicht zu denken. Die 97 402 blieb für immer kalt. Die nunmehrige 297.401 wurde erst 1955 reaktiviert. 1958 mit Flachejektor ausgerüstet, war sie dreimal so stark wie eine 97 und zweimal so stark wie eine 197. Doch die Maschine erwies sich als überdimensioniert und empfindlich. Karl-Ernst Maedel berichtet, die Loks dieser Reihe „waren so kräftig, dass sie mit Rücksicht auf die Zughaken nur zum Schieben der Züge eingesetzt werden konnten." Andernfalls bestand die Gefahr, dass sie den Zughaken herausrissen. Was die verbliebene 297.401 betrifft, so forderte sie viel Pflege und stand Wochen und Monate in der Werkstätte. 1963 wurde sie abgestellt.

## Ende des Regel-, Start des Museumsbetriebs

1962 begann der Einsatz einer Zahnraddiesellok der Firma SGP. 1975 wurde der Personenverkehr auf Schienenbusse im Reibungsbetrieb umgestellt. Nach entsprechenden Erprobungen schon 1971 stellten die ÖBB den deutlich zurückgehenden Erzverkehr ebenfalls auf Reibungsbetrieb mit Dieselloks der Reihen 2043/2143 um. Am 12. April 1978 endete dann der Dampfbetrieb am Erzberg, zehn Jahre später wurde der Zugverkehr eingestellt.

Seit 1990 nutzt der Verein Erzbergbahn die Strecke für Nostalgiesonderfahrten. Jeweils sonntags von Mitte Juli bis Mitte September gehen Schienenbusse ab Vordernberg Markt auf Tour (siehe auch S. 86-91). Am Ausgangspunkt erinnert ein Museum an die Geschichte der Bahn.

Andreas Knipping

**1901 malte Ingenieur Rudolf Sanzin dieses Aquarellbild als Ansichtskarte** Slg. A. Knipping (2)

## Eisenbahnfreunde in Österreich

# Die Liebe zur Bahn

*Die Begeisterung für den Schienenverkehr hat in dem Alpenland große Tradition. Lokomotivingenieure schrieben schon früh in Fachzeitschriften, seit 100 Jahren wird die Eisenbahnfotografie auf hohem Niveau betrieben*

Die Lokomotive
Illustrierte Monatsfachzeitschrift für Eisenbahntechniker
1909
6. Jahrgang
mit 295 Abbildungen auf 284 Textseiten
Schriftleitung:
Ingenieure Ernst Prossy und Hans Steffan
Berlin :: Wien :: Zürich
Zeitschriften-Verlag A. Berg, Wien, IV., Loisengasse 13. — Fernsprecher 4875.

Wer sich mit der Geschichte österreichischer Eisenbahnen befasst, entdeckt ein liebevoll gepflegtes Feld. Schon ab 1904 brachten Prossy und Steffan in Wien die Zeitschrift „Die Lokomotive" heraus, die eisenbahntechnische Neuerungen aus professioneller Sicht darstellte und zugleich die Lokomotivgeschichte dokumentierte. Wie eng die wissenschaftliche, künstlerische und publizistische Beschäftigung mit der Lokomotive in Alt-Österreich verbunden waren, macht eine Ansichtskarte deutlich, die 1901 von Triest nach Bad Gastein geschickt wurde. Das Original-Aquarell zeigt zwei Schnellzugloks der Reihe 106 und eine Maschine der Südbahn-Reihe 17 c. Der Künstler „Rolf" war kein anderer als der 1874 geborene Maschineningenieur der Südbahn und nachmalige Professor und Ministerialrat Dr. techn. Rudolf Sanzin. Bei der Zeitschrift „Die Lokomotive" war er geradezu selbstverständlich Autor – und das Blatt brachte nach seinem Tod 1922 auch einen ausführlichen Nachruf.

Nach Besetzung und Krieg wurde die Kultur der Eisenbahnfachzeitschrift 1948 wieder belebt, nun in populärer Form und mit Modellbahnteil. Ab 1949 erschien die neue Wiener Zeitschrift „Eisenbahn".

Mit Josef Otto Slezak fand sich ebenfalls in Wien ein Schriftsteller, Verleger und Buchhändler, dessen Arbeit weit über Österreich hinaus Beachtung fand.

### Fotoparadies Österreich

Die Geschichte des Eisenbahnhobbys war auch in Österreich die Geschichte der Eisenbahnfotografie. Schon der berühmte Lokkonstrukteur Karl Gölsdorf schuf eine riesige Lichtbildsammlung. In den 20er-Jahren und besonders nach 1945 hielten zahlreiche Fotografen die Eisenbahn im Bild fest. Dabei ging es ihnen weniger um Fahrzeugporträts als vielmehr um den Bahnbetrieb – den Zug in der Landschaft oder im Bahnhof. Josef Stögermayr, Otto Zell, Alexander Niklitschek, Hellmuth Fröhlich oder Alfred Luft setz(t)en Maßstäbe, und damit sind längst nicht alle Prominenten genannt. Aus Deutschland kam unter anderem Carl Bellingrodt, um Fahrzeuge und Betrieb – zunächst unter Reichsbahn-Regie – abzulichten. Damit entstand ein reichhaltiger Fotofundus, der noch heute die Bahngeschichte Österreichs in ihrer Vielfalt lebendig macht. Andreas Knipping

**rechts: Der Lokingenieur Karl Gölsdorf (2.v.r.) besaß eine große Eisenbahn-Bildsammlung; hier vor einer kkStB-Lok, Reihe 9** Slg. Wunschel

## Normalspurige Privatbahnen in Österreich

# Etablierte und Neulinge

Ungeachtet des Eisernen Vorhangs betrieb die ROeEE (ungarisch GySEV) grenzüberschreitenden Bahnverkehr zwischen Österreich und Ungarn. Im Mai 1977 fährt Lok 324.1518 von Fertöroz nach Sopron J. Krantz

*Lange Zeit war die Zahl privater Bahnbetreiber im Alpenland überschaubar. Dann kam die Bahnreform und mit ihr reichlich Konkurrenz. Drei Beispiele*

**Die Voest-Alpine-Tochter CargoServ führte die ersten privaten Güterzüge im ÖBB-Netz. Bei Trattenbach befördert Lok ES 64 U2-005 einen Erzzug (Juli 2005)** W. Kaiser

Bis Ende der 1990er-Jahre waren die Verhältnisse bei den österreichischen Eisenbahnen klar geregelt und leicht zu durchschauen: Neben dem Staatsbetrieb ÖBB, der auf seinem Netz alleine den Betrieb abwickelte, gab es noch einige historisch gewachsene Privatbahnen, die ebenfalls den Betrieb ausschließlich auf ihrem eigenen Streckennetz durchführten. Aber nicht alle so genannten Privatbahnen waren und sind wirklich in privater Hand. Die Steiermärkischen Landesbahnen (StLB) etwa gehören – wie der Name bereits sagt – als Wirtschaftskörper des Bundeslandes Steiermark der öffentlichen Hand. Die Stadt Wien hält über die „Wiener Linien Gmbh & Co KG" (Wiener Verkehrsbetriebe) mehr als 96 Prozent der Anteile an der „AG der Wiener Lokalbahnen" (WLB).

Während die meisten Infrastrukturbetreiber auch als Betriebsführer auf ihren Strecken auftreten, beauftragen andere Privatbahnen Fremdunternehmen mit der Betriebsführung. So wird der Betrieb auf der Linzer Lokalbahn (LILO) und der Lokalbahn Lambach – Vorchdorf-Eggenberg vom Verkehrsunternehmen Stern & Hafferl (St&H) abgewickelt; auf der Neusiedler Seebahn (NSB, Neusiedl am See – Staatsgrenze nächst Pamhagen – Fertöszentmiklòs) tritt das österreichisch-ungarische Unternehmen „Raab-Oedenburg-Ebenfurter Eisenbahn AG" (ROeEE/ungarisch GySEV) als Betriebsführer auf, das mit der Strecke Ebenfurth – Staatsgrenze nächst Baumgarten (– Sopron) auch eine eigene Infrastruktur auf österreichischem Boden besitzt. Einen Sonderfall stellt die zur ÖBB-Infrastruktur zählende Strecke Neukirchen bei Lambach – Haag am Hausruck dar, auf welcher der Betrieb bereits seit 1932 von Stern & Hafferl abgewickelt wird. Der Verkehr auf dieser mit 750-Volt-Gleichstrom elektrifizierten Strecke wird seit 1989 mit – von den ÖBB finanzierten – Zweifrequenztriebwagen abgewickelt; dadurch konnte der früher zur Weiterfahrt über die ÖBB-Westbahnstrecke bis Lambach erforderliche Betrieb mit Gleichrichterwagen entfallen. Die beiden modernen Triebwagen tragen Betriebsnummern nach dem St&H-Schema (ET 25.103, 104) und nach dem ÖBB-Bezeichnungsschema (4855.001, 002). Ende 2006 soll auf dieser Bahn allerdings der Personenverkehr eingestellt werden.

## Liberalisierung: Die ÖBB öffnen ihr Netz

Der Beginn des neuen Millenniums brachte gravierende Änderungen in der österreichischen „Privatbahn-Landschaft" mit sich. Zum 1. Januar 2000 trat das so genannte Schienenverkehrsmarkt-Regulierungsgesetz in Kraft, mit dem die seit langem von der Europäischen Union geforderte Liberalisierung des Schienenverkehrs in die Tat umgesetzt wurde. Seit diesem Zeitpunkt kön-

**Auf leisen Pfoten schleicht sich CAT von der Wiener Innenstadt zum Flughafen. Für den „City Airport Train" erhielt Taurus 1116.141 eine eigene Lackierung** W. Kaiser

**Die Wurzeln der Wiener Lokalbahn liegen im Vorortverkehr: Im Jahr 1970 wartet ein Straßenbahnzug im Depot von Baden auf den nächsten Einsatz** J. Krantz

nen auch private Eisenbahnverkehrsunternehmen (EVU) Verkehrsleistungen auf dem ÖBB-Streckennetz erbringen, sofern sie im Besitz einer bei der Zulassungsstelle der „ÖBB-Infrastruktur Betrieb AG" zu beantragenden Sicherheitsbescheinigung sind. Zwecks Bestellung von Zugtrassen wendet sich das EVU an den „One-Stop-Shop" (OSS) des ÖBB-Trassenmanagements, das die Trassen diskriminierungsfrei zu vergeben hat. Privatverkehr auf ÖBB-Strecken wird seither sowohl von den „neuen Privaten" abgewickelt, die als Folge der Liberalisierung gegründet wurden, als auch von „alten Privaten", die ihre Verkehrsleistungen nun ebenso abseits ihrer eigenen Infrastruktur anbieten können. Stellvertretend für die in der Tabelle aufgelisteten Unternehmen sollen in der Folge drei Privatunternehmen vorgestellt werden, die heute Züge auf ÖBB-Strecken führen; dabei verlief die Entwicklung der Gesellschaften aber höchst unterschiedlich. Es handelt sich dabei um die „alten Privaten" ROeEE und WLB sowie um den „neuen Privaten" CargoServ.

## Durch den Eisernen Vorhang: die Raaberbahn

Als die „Raab-Oedenburg-Ebenfurter Eisenbahn AG" (ROeEE) 1876 die Strecke Raab (Györ) – Oedenburg (So-

**Nahverkehr am Fuße des Arlbergs: Im August 1994 rollt ein Triebwagen der Montafonerbahn bei Schruns durchs Tal** T. Wunschel

Moderne Triebwagen fahren heute bei der Linzer Lokalbahn (Eferding, August 2000). Die Betriebsführung liegt bei der ebenfalls privaten Firma Stern&Hafferl W. Kaiser, C. Völk (u.)

pron) und drei Jahre später die Verlängerung bis Neufeld an der Leitha (Anschluss an die kkStB-Strecke nach Ebenfurth) eröffnete, lag die gesamte Strecke im ungarischen Teil der österreichisch-ungarischen Monarchie. Das Unternehmen – in ungarischer Sprache als „Győr-Sopron-Ebenfurti Vasút“ (GySEV) bezeichnet – übernahm 1897 noch die Betriebsführung auf der ebenfalls komplett in Ungarn gelegenen Strecke Neusiedl am See – Fertöszentmiklós, die von der „Neusiedler Seebahn AG“ (NSB) erbaut wurde. Nach dem Zerfall der Monarchie zählten die von diesen Bahnlinien berührten Gebiete zunächst weiterhin zu Ungarn, nach dem Frieden von St. Germain kam jedoch das Burgenland 1921 zu Österreich. Damit mutierte die „Raaberbahn“ zu einer internationalen Privatbahn, denn beide Strecken führten nunmehr über die neu gezogene Staatsgrenze nach Österreich. Erstaunlicherweise konnte das Unternehmen die damit verbundenen Schwierigkeiten meistern und auch jene, die sich in den Jahren nach dem Zweiten Weltkrieg in den Weg stellten. Denn nun agierte die ROeEE beiderseits des Eisernen Vorhanges und zwar trotz der in Ungarn vorherrschenden Planwirtschaft nach marktwirtschaftlichen Gesichtspunkten. Diese westliche Ausrichtung führte zu der kuriosen Situation, dass über die eingleisige, bis in die 1980er-Jahre teilweise mit Dampf betriebene ROeEE-Strecke Ebenfurth – Sopron mehr Güter nach Ungarn rollten als über den zweigleisigen, seit 1976 elektrifizierten „Staatsbahn-Grenzübergang“ Hegyeshalom an der Ostbahn.

Der starke Güterverkehr veranlasste die Verantwortlichen daher bereits vor dem Fall des Eisernen Vorhangs zur Elektrifizierung der Strecke Ebenfurth Sopron mit dem in Ungarn üblichen Stromsystem (25 kV/50 Hz Wechselstrom). Die ersten elektrischen Züge fuhren hier am 27. Mai 1988; der ÖBB-Bahnhof Ebenfurth wurde zum Systemwechselbahnhof ausgebaut, in dem sich Teile der Fahrleitung von 15 kV/16,7 Hz Wechselstrom auf 25 kV/50 Hz Wechselstrom umschalten lassen. Damit war Ebenfurth auch für die von der ROeEE eingesetzten Loks der Reihe V43 (ex MAV) erreichbar. Dass die Raaberbahn auch nach dem Ende der Ost-West-Konfrontation noch Steigerungen im Güterverkehr verzeichnen konnte (rund 100 Prozent in den 1990er-Jahren!), ist dem großzügigen Ausbau des Güterterminals Sopron zu verdanken. Damit schuf die Bahn gute Voraussetzungen bei dem aufstrebenden Marktsegment „Kombinierter Ladungsverkehr“ (Container, Rollende Landstraße). In diesem Zusammenhang sei auch der Einstieg der „Hamburger Hafen und Lagerhaus AG“ in das Unternehmen ROeEE erwähnt, die zurzeit rund 4 Prozent der Aktien hält. Keinen nennenswerten Güterverkehr gab und gibt es dagegen auf der Neusiedler Seebahn, wo nur der alljährlich im Herbst abzuwickelnde Rübenverkehr zu den niederösterreichischen Zuckerfabriken für beträchtliche Frachtmengen sorgt.

## Vervielfachung des Personenverkehrs

Der Personenverkehr spielte auf beiden Strecken viele Jahrzehnte nur eine untergeordnete Rolle. Erste Impulse zu einer Trendwende gab es jedoch bereits vor dem Fall des Eisernen Vorhangs: Zum 1. September 1988 wurden die österreichischen ROeEE-Streckenabschnitte in den „Verkehrsverbund Ost-Region“ (VOR) eingebunden; dabei kam es zur Einführung attraktiver Tagesrandverbindungen vom Burgenland nach Wien, die zunächst ausschließlich mit ÖBB-Fahrzeugen geführt wurden. Mangels geeigneter Lokomotiven fuhren auch auf der elektrifizierten Strecke Ebenfurth – Sopron ÖBB-Dieseltriebfahrzeuge, und zwar die Diesellok-Reihe 2143 und der Triebwagen 5145 („Blauer Blitz“). Die Ostöffnung führte dann ab 1989 zu einem sprunghaften Anstieg der Fahrgastfrequenz Richtung Sopron und 1990 zur Wiedereinführung von grenzüberschreitenden Zügen auf der Neusiedler Seebahn. Ab 1992 verkehrten auch durchgehende Eilzüge von Wien-Meidling nach Wulkaprodersdorf, die 1993 weiter über die hier

rechts: Zu den Privatbahnen zählt auch die Steiermärkische Landesbahn, die dem Land Steiermark gehört (Übelbach, Sept. 1989)

**Einen Sonderfall im österreichischen Netz stellt die Strecke Neukirchen bei Lambach – Haag am Hausruck dar. Sie gehört den Österreichischen Bundesbahnen, der Betrieb wird aber schon seit den 30er-Jahren von Stern & Hafferl abgewickelt (Bild vom August 1989)** M. Beitelsmann

beginnende ÖBB-Strecke Wulkaprodersdorf – Neusiedl am See in die nahe gelegene burgenländische Landeshauptstadt Eisenstadt verlängert werden. Ein zeitgemäßer Eilzugverkehr mit Zweisystemloks der Reihe 1014 und Wendezügen wurde zum 1. Juni 1997 eingeführt, wobei durch die Führung bis Sopron seither stündlich eine Direktverbindung zwischen Wien und der ungarischen Provinzhauptstadt besteht. Die Elektrifizierung des vom restlichen Netz isolierten ÖBB-Streckenabschnittes Sopron – Deutschkreutz mit dem ungarischen Stromsystem ermöglicht seit 2000 die Weiterführung dieser Eilzüge bis Deutschkreutz und seit 2004 kann auch die Strecke von Neusiedl am See nach Fertöszentmiklós elektrisch befahren werden.

Von der plötzlichen Bedeutung ihrer Infrastruktur für den innerösterreichischen Personenverkehr sowie für die Direktverbindung nach Sopron wurde die ROeEE einigermaßen überrumpelt, denn sie hatte dem massiven Einsatz von ÖBB-Fahrzeugen auf ihren Strecken zunächst nichts entgegenzusetzen. Ein Ausgleich der gefahrenen Achskilometer mit den Bundesbahnen war zunächst nur durch das Verleihen von „Taigatrommeln" der Reihe M62 an die ÖBB möglich; diese nutzten die starken Dieselloks Anfang der 1990er-Jahre für Rüben- und Bauzüge. Zur Vergrößerung des Bestands an Rollmaterial kaufte die ROeEE zunächst Personenwagen von der ungarischen Staatsbahn MAV. Ab 1993 folgten drei gebraucht von den ÖBB übernommene 5046/5146-Dieseltriebwagen, 1996 wurden vier moderne Dieseltriebwagen in Dienst gestellt, die in Anlehnung an die gleichartigen ÖBB-Fahrzeuge die Bezeichnung 5047.501-502 und 5147.511-512 erhielten. Außerdem erwarb die Raaberbahn zahlreiche ältere Personenwagen von der DB, die in eigenen Werkstätten umfassend modernisiert wurden. Die Modernisierung der Elektrolok-Flotte startete 2002 mit der Beschaffung von fünf Lokomotiven des Siemens-Typs ES 64 U2 (1047.501-505; bauartgleich mit ÖBB-Reihe 1116 „Taurus") und wurde 2005 mit der langfristigen Anmietung der ÖBB-Loks 1116.061-065 fortgesetzt. Da seit Dezember 2003 ÖBB-1116 vor ROeEE-Güterzügen bis Sopron fahren, kommen im Gegenzug die ROeEE-Loks 1116 und 1047.5 überwiegend im ÖBB-Netz zum Einsatz.

Einen weiteren Meilenstein in ihrer beispiellosen Erfolgsgeschichte setzte die Raaberbahn im Dezember 2005. Seither führt sie einige Güterzüge der

**LINKS Zum Fuhrpark von CargoServ gehören auch drei modernisierte V 100 der DR. Hier bei Spital am Pyhrn, Mai 2002** W. Kaiser

Relation Sopron – Wien Zentralverschiebebahnhof auch im ÖBB-Streckenabschnitt in Eigenregie (d. h. mit eigenen Loks und sogar eigenen Lokführern); damit tritt sie erstmals auch in Konkurrenz zu den ÖBB.

## Von der Lokalbahn zum „Europäer": die WLB

In starkem Kontrast zur ROeEE steht die Geschichte der „AG der Wiener Lokalbahnen" (WLB), die im Jahre 1888 gegründet wurde und nach anfänglichem Dampfbetrieb seit 1907 eine elektrische Lokalbahn von Wien nach Baden unterhält. Die größtenteils zweigleisige Strecke mündete in Wien und Baden in die Netze der ansässigen Straßenbahnbetriebe, sodass durchgehende Züge von Wien Oper (Kärntner Straße) bis Baden Josefsplatz angeboten werden konnten. An dieser Situation hat sich im Grunde bis heute nichts geändert; im Stadtgebiet von Baden ist die im Volksmund als „Badnerbahn" bezeichnete Lokalbahn aber seit der Einstellung der Straßenbahn im Jahre 1951 das einzige Schienenverkehrsmittel. Zwischen dem Güterbahnhof Wien-Matzleinsdorf und dem Bahnhof Traiskirchen Lokalbahn wickeln die WLB auch einen beträchtlichen Güterverkehr ab, wofür Dieselloks zur Verfügung stehen.

Für die WLB als renommiertes Eisenbahnunternehmen war es nach der Öffnung des Schienenverkehrsmarktes ein Leichtes, die für die Abwicklung von Verkehrsleistungen im ÖBB-Netz erforderliche Sicherheitsbescheinigung zu erhalten. Im Februar 2002 konnte man die ersten WLB-Züge abseits der eigenen Infrastruktur beobachten. Es handelte sich dabei um Güterzüge, die Aushubmaterial von einer Wiener Tunnelbaustelle (Lainzer Tunnel) zu den Deponien in Straßhof oder Schönfeld-Lassee beförderten. Die für diese Transporte erforderlichen Güterwagen wurden gebraucht aus Rumänien beschafft. Die Zusammenarbeit mit der europaweit agierenden Spedition Kühne & Nagel ermöglichte überdies den Einstieg in den unbegleiteten kombinierten Ladungsverkehr, heute auch als „Intermodalver-

**Junge Dame trifft alte Dame: Bei dieser Begegnung in den frühen 60er-Jahren dürfte Lok 671 der Graz-Köflacher Bahn schon reichlich 80 Dienstjahre gezählt haben. Neben dieser Maschine beschäftigte die GKB zu jener Zeit auch noch eine alte Schnellzuglok**

Dr. P. E. Kristl/Slg. T. Wunschel

**RECHTS 1996 kaufte die ROeEE bei Jenbacher vier Triebwagen. Hier der 5047.2 bei der Abnahmefahrt in Hochzirl** W. Kaiser

## Normalspurige Privatbahnen in Österreich (ohne Museumsbahnen), Stand: Februar 2006

| Eisenbahnunternehmen | Art | Gründung/ Eröffnung | Einsatzgebiet (bei Art 1 und 3 = eigenes Streckennetz) | Länge km (nur Art 1, 3) | Triebfahrzeuge (ohne Museumsfahrzeuge) |
|---|---|---|---|---|---|
| CargoServ GmbH | 2 | 2001 | Voest Alpine Linz – Steyrling, – Summerau, – Eisenerz, – Tarvisio | | 182.505, 540, 580 – 582 (E); 1504.01 – 03 (V) |
| CAT – City Air Terminal Betriebsgesellschaft mbH | 2 | 2003 | Wien Mitte – Flughafen Wien (VIE) | | ÖBB-1116.141, 142 (E); Ersatz: jede andere ÖBB-1016/1116 |
| GKB – Graz-Köflacher Bahn und Busbetrieb GmbH | 3 | 1859 | Graz Hbf – Köflach;<br>Lieboch – Wies-Eibiswald | 40,3<br>50,7 | 80.1; 100.1 – 2; 600.1 – 3; 700.1; 1100.1 – 2; 1500.1 – 6; 1700.1 (alle V); 10.03, 09; 70.01-13 (alle VT) |
| LBB – Lavamünder Bahn Betriebs GmbH | 2 | 2002 | St. Paul – Lavamünd | | NBiK-383.010 (V); Ersatz: GKB-600.1 – 3 |
| LILO – Linzer Lokalbahn AG | 3 | 1908 | Linz Hbf – Peuerbach, – Neumarkt-Kallham (Betriebsführung durch St&H) | 58,6 | 22.001, 004, 005 (E); 20.011 (V); 22.151 – 164 (ET) |
| Lokomotion – Gesellschaft für Schienentraktion mbH | 2 | 2001 | Kufstein – Brenner; Salzburg – Tarvisio | | 139.133, 177 (E); div. 182.5 und 189.9 (E) |
| LTE – Logistik und Transport GmbH | 2 | 2001 | Passau – Selzthal – Kalsdorf-Terminal;<br>Passau – Hegyeshalom;<br>Braunau am Inn – Linz – Wien – Marchegg<br>Waldmühle – Liesing – Wien Matzleinsdorf – Breclav, – Marchegg | | 185.528, (E); 2016.903 (V); 2150.901 – 902 (V); 2170.001 (V); TXL- und R4C-Triebfahrzeuge (182.5 ; 185.5) |
| LV – Lokalbahn Lambach – Vorchdorf-Eggenberg AG | 1 | 1903 | Lambach – Vorchdorf-Eggenberg (Betriebsführung durch St&H) | 14,7 | 24.010 (E); 20.012 (V); 20,109, 111; 22.133, 136 (ET) |
| MBS – Montafonerbahn AG | 3 | 1905 | Bludenz – Schruns | 12,7 | 1045.01, 03 (E; ex ÖBB); 10.16 (V); 10.103, 104, 107 – 110 (ET) |
| NSB – Neusiedler Seebahn AG | 1 | 1897 | Neusiedl am See – Pamhagen – Fertöszentmiklos (Betriebsführung durch ROeEE) | 38,4* | ÖBB- und ROeEE-Triebfahrzeuge |
| ROeEE – Raab-Oedenburg-Ebenfurter Eisenbahn AG | 3 | 1879 | Ebenfurth – Wulkaprodersdorf – Sopron<br>ÖBB-Netz: Ebenfurth – Wien Zentralverschiebebahnhof | 27,1** | V43.320 – 330, 332 – 335; 1116.061 – 065; 1047.501 – 505 (alle E); M40.401 – 402; M42.001; M44.301 – 314 (alle V); Ba 702; 5047.501 – 502; 5147.511 – 512 (alle VT); ÖBB-Tfz |
| RTS – Rail Transport Service GmbH | 2 | 2005 | Bauzüge und Überstellfahrten auf dem ÖBB-Netz | | 2143.005, 007, 032 (V; ex ÖBB) |
| SETG – Salzburger Eisenbahn Transportlogistik GmbH | 2 | 2002 | Salzburg – Redl-Zipf – Hüttau; Kufstein – Wörgl; Pfronten-Steinach – Vils | | MWB,-SLB,-PRESS- und Lokomotion-Triebfahrzeuge |
| SLB – Salzburg AG – Salzburger Lokalbahn | 3 | 1896 | Salzburg Lokalbahn – Lamprechtshausen;<br>Bürmoos – Trimmelkam | 25,2<br>8,7 | 11, 61 – 64, 71 (alle E); 81 (V; ex WLB); 82 (V; ex WLB 80); 83 – 85 (V; ex ÖBB 2048.001-003); 87 (V; ex ÖBB 2048.018); 33, 41 – 58 (alle ET) |
| SRB – Südburgenländische Regionalbahn GmbH | 3 | 1989 | Oberwart Einkaufszentrum – Rechnitz;<br>Oberwart – Oberschützen | 22,5<br>8,2 | M31.2013, 2020 (ex MAV) |
| STB – Steiermarkbahn Transport und Logistik GmbH | 2 | 2003 | Weiz – Gleisdorf – Feldbach – Wiener Neustadt | | StLB-Triebfahrzeuge |
| StLB – Steiermärkische Landesbahnen | 3 | 1889 | Gleisdorf – Weiz (GW);<br>Peggau-Deutschfeistritz – Übelbach (PÜ);<br>Feldbach – Bad Gleichenberg (FG);<br>Betriebsführung und Verschub im Cargo Center Graz (CCG); Bauzüge am ÖBB-Netz | 15,2<br>10,2<br>21,2 | D 3 – 6; DE 1 – 2; 2016.901 – 902 (alle V); 2048.024 (V; exÖBB); 51 – 52 (VT); 14 – 15 (PÜ; ET); 41 (FG; E); 1 – 2 (FG; ET) |
| St&H – Stern & Hafferl Verkehrsgesellschaft mbH | 2 | 1883 | Betriebsführung für LILO, LV sowie auf der ÖBB-Strecke Abzw. Lambach 1 – Haag am Hausruck | | 20.007 (E); 24.104; 25.103 – 104 = ÖBB 4855.001 – 002 (alle ET); 25.051 – 052 (Gleichrichterwagen) |
| TX Logistik GmbH Österreich | 2 | 2004 | Kufstein – Brenner; Salzburg – Frankenmarkt | | TXL 182.5 (E), 185.5 (E) |
| WLB – AG der Wiener Lokalbahnen | 3 | 1888 | Wien Oper – Baden Josefsplatz;<br>ÖBB-Netz: Passau – Hegyeshalom, – Bratislava;<br>Wien – Tulln – Herzogenburg; Wien – Straßhof | 30,4 | 182.519 – 524, 527, 535, 536 (E); 83; 90 – 92 (alle V); 101 – 126; 401 – 406 (alle ET) |
| **Gesamt** | | | | **384,1** | |

Art (= Art des Unternehmens):
1 = Eisenbahninfrastrukturunternehmen (EIU)
2 = Eisenbahnverkehrsunternehmen (EVU)
3 = integriertes Eisenbahnunternehmen (EIU + EVU)

Triebfahrzeuggattungen:
E = Elektrolok
ET = Elektrotriebwagen
V = Verbrennungslok
VT = Verbrennungstriebwagen

182.5, 1116, 1047 = Siemens-Typ ES 62 U2 (EuroSprinter); 253, 2016 = Siemens-Typ ER 20 (EuroRunner); 185.5 = Bombardier-Typ TRAXX; NBiK = Nostalgiebahnen in Kärnten

* km bis Staatsgrenze nächst Pamhagen; **km bis Staatsgrenze nächst Baumgarten

kehr“ bezeichnet. Mit gemieteten Elektroloks des Typs ES 64 U2 der Siemens Dispolok GmbH fahren seit 2003 Containerzüge unter WLB-Regie zwischen Wien Donaukaibahnhof bzw. Enns Donauhafen und Bremerhaven, Emmerich bzw. Hamburg. Da das Unternehmen sukzessive neue Verkehrsleistungen akquirieren konnte, werden heute bereits bis zu neun Dispoloks eingesetzt. Kurzfristig stand 2005 auch die Dispolok ER 20 008 aus der EuroRunner-Familie in WLB-Diensten, wurde aber mittlerweile gegen eine ES 64 U2 ausgetauscht.

### Subunternehmer CargoServ

Die ersten privaten Güterzüge auf ÖBB-Gleisen führte aber nicht eine renommierte Privatbahn, sondern das von der „Voest Alpine Stahl Linz GmbH“ gegründete Subunternehmen „CargoServ GmbH“. Seit 1. April 2001 befördert es die zuvor von den ÖBB gefahrenen Kalkzüge vom Steinbruch in Steyrling zum Stahlwerk. In der Folge übernahm die CargoServ weitere Rohstofftransporte von den ÖBB (Kohle aus Polen und Tschechien ab Summerau, Erz aus Eisenerz) und seit April 2005 werden auch

oben links: Die Zusammenarbeit mit einer Spedition ebnete den Wiener Lokalbahnen den Weg in den Kombinierten Ladungsverkehr (Bild auf der Westbahn, August 2005)

oben rechts: Verschubdienst der ROeEE/GySEV in Neufeld an der Leitha, April 2005: Zum Einsatz kommt Diesellok M40 402

W. Kaiser (2)

Fertigprodukte (Stahlrollen) in Ganzzügen zu Kunden in Italien (über Salzburg – Tauernbahn – Tarvis) befördert. Zur Traktion der Züge stehen heute fünf Siemens-Dispoloks des Typs ES 64 U2 sowie drei bei Bombardier grundlegend modernisierte V 100 (ex DR) zur Verfügung.

## Trennung intern – extern

Dass gerade die Voest Alpine zum Vorreiter für privaten Güterverkehr in Österreich wurde, ist kein Zufall. Das Unternehmen betreibt die mit Abstand größte Werkbahn Österreichs mit nicht weniger als 32 Lokomotiven, 770 Güterwagen, einer Gleislänge von 160 Kilometern und 700 Mitarbeitern. Gleichzeitig mit der Gründung der CargoServ (für externe Verkehrsaufgaben) wurde die Betriebsführung der Werkbahn in das Subunternehmen „Logistik Service GmbH" (LogServ) ausgelagert, das auch für den Verschub auf den 40 Kilometer langen Gleisanlagen des Chemieparks Linz verantwortlich zeichnet.

WOLFGANG KAISER

Die „Badener Bahn" verbindet Wien mit dem beliebten Kurort Baden. Sie gehört zu den Wiener Lokalbahnen (WLB). Auf ihrer 30,4 Kilometer langen Strecke passiert dieser historische Straßenbahnzug Wiener Neudorf.

W. Kaiser

■ Korridorverkehr über Österreichs Grenzen

# Durch drei Nachbarländer

*Politische und geografische Bedingungen zwangen Österreichs Staatsbahnen, Inlandszüge über Strecken im Ausland zu führen. Der Korridorverkehr wurde zu einem Merkmal des Eisenbahnbetriebs*

Österreichs Geografie machte es schon in der Frühzeit des Eisenbahnwesens zweckmäßig, zwischen inländischen Städten über ausländisches Gebiet zu fahren. Nachdem 1858 die Inntalstrecke Kufstein – Innsbruck und 1859 die Strecke Wien – Salzburg vollendet waren, führte der Schienenweg von Wien in die Hauptstadt Tirols nur über Freilassing – Rosenheim. Erst 1875 war die Fahrt über eigenes Territorium möglich. Solange Österreich genauso wie Bayern dem Deutschen Bund angehörte (bis 1866), wurde an einem solchen Transit kein großes Problem erkannt. Freilich musste man an der Grenze umsteigen, an eine Durchfahrt eigener Züge durch das Ausland war noch nicht zu denken. Immerhin: 1879 wurde bereits ein Kurswagen Wien – Rosenheim – Innsbruck angeboten.

Drastische Änderungen brachte der nach Ende des Ersten Weltkriegs geschlossene Friedensvertrag von St. Germain. Er zwängte das radikal verkleinerte Österreich in neue Grenzen zu Italien und Ungarn und zu den Neugründungen Tschechoslowakei und Jugoslawien. Nur gegenüber der Schweiz und Deutschland blieben die historischen Grenzen bestehen.

## Burgenland

Die Pariser Vorortverträge hatten zwar die Abtretung des überwiegend deutsch besiedelten Burgenlandes von Ungarn an Österreich vorgeschrieben, zugleich aber eine Volksabstimmung über den Status seiner Hauptstadt Ödenburg/Sopron, deren Bevölkerung sich im Dezember 1921 mit knapper Mehrheit für den Verbleib in Ungarn aussprach. In Sopron trafen aber die Strecken von Wiener Neustadt und Ebenfurth zusammen. Nur über diesen betrieblichen Mittelpunkt war die Nebenbahn nach Süden erreichbar, die bei Deutschkreutz wieder österreichisches Burgenland erreichte und deren beiden in Oberloisdorf getrennten Zweige hinter Rattersdorf-Liebing und Lutzmannsburg wieder nach Ungarn führten.

Schon am 26. April 1922 unterschrieben die Regierungen Österreichs und Ungarns eine Vereinbarung über den

**Alltag an der Strecke Salzburg – Rosenheim – Kufstein: Ein EC-Zug der ÖBB auf der Durchreise über DB-Gebiet (Aufnahme bei Axdorf, Juli 2005)** U. Miethe

privilegierten Durchgangsverkehr von BBÖ und GySEV im nördlichen Burgenland zur BBÖ im südlichen Burgenland nach Österreich; er führte über Sopron mit kontrollfreien österreichischen Zügen. Seit 10. Mai 1922 wird dieser Korridorverkehr betrieben. In der Zeit der scharfen Bewachung der österreichisch-ungarischen Grenze vor 1989 stellten sich ungarische Soldaten auf die Trittbretter der durchfahrenden Kurswagen.

## Tirol

Die Abspaltung Südtirols vom Mutterland teilte den bei Österreich verbleibenden Teil Tirols in ein „Nordtirol" um Innsbruck zwischen Kufstein und dem Brenner und ein „Osttirol" mit dem Zentrum Lienz. Die Brennerbahn Innsbruck – Bozen lag nun südlich des Brenners auf italienischem Gebiet; italienisch war fortan auch die ostwärts abzweigende Strecke Franzensfeste – Lienz – Villach (durchs Pustertal) auf dem Abschnitt westlich von Weitlenbrunn. Im Zeichen eines meist angespannten Verhältnisses zwischen Österreich und Italien zwischen den Weltkriegen war die Reise vom Brenner über das nunmehrige Fortezza (ex Franzenfeste) und San Candido (Innichen) ein von strengen Kontrollen begleitetes Unterfangen. Erst 1948 war es möglich, zwischen Nord- und Osttirol einen Korridorverkehr mit Dieseltriebwagen der ÖBB einzurichten. Zu Zeiten erheblicher Spannungen wegen der bis in die 60er-Jahre ungelösten Südtirol-Frage wurden die Züge streng von Carabinieri bewacht.

Nach einer Epoche lokbespannter Dieselzüge ist die Verbindung seit 1989 elektrisch befahrbar. Heute, nachdem die ÖBB zwei ihrer fünf Zweisystemloks für den Brennerverkehr nach Polen verkauft haben, kann es aber Engpässe bei den Fahrzeugen geben.

## Jugoslawien

Die Zusprache von Teilen Kärntens und der Steiermark an Jugoslawien führte zu einer weiteren Durchschneidung der Südbahn-West-Ost-Achse Franzensfeste – Villach – Klagenfurt – Marburg östlich von Bleiburg kurz vor dem Knotenpunkt Unterdrauburg (nun jugoslawisch Dravograd). Damit wurde auch die Staatsbahnstrecke Zeltweg – Unterdrauburg bezogen auf den österreichischen Inlandsverkehr zu einer Stichbahn, weil sie über die Draubrücke von Lavamünd nach Jugoslawien führte.

## Sonderfall Außerfernbahn

Der Betrieb der Strecke Garmisch-Partenkirchen – Reutte in Tirol – Pfronten weicht seit jeher von dem auf anderen österreichischen Strecken ab. Die Zufahrt, sei es von Innsbruck über Scharnitz – Mittenwald – Garmisch-Partenkirchen oder von Bregenz über Lindau – Kempten – Pfronten, ist nur via deutsches Gebiet möglich. Die Nahverkehrszüge beginnen im Regelfall auf deutschem Gebiet, bedienen die österreichischen Orte im Außerfern und enden wieder auf deutschem Gebiet. Daneben gab es aber auch einen Korridorverkehr: Hierbei fuhren die Züge von Scharnitz über deutsches Gebiet bis Ehrwald durch – mit verschlossenen Türen. Verhandlungen zwischen den ÖBB und der DB AG und die inzwischen erfolgte Vergabe des Verkehrs auf der Außerfernbahn an die Deutsche Bahn haben diese Leistungen heute obsolet gemacht.

Markus Inderst

**ÖBB-Triebwagen Et 4041.04 als Korridorzug Innsbruck – Reutte bei Klais, Mai 1952** Slg. H. Brinker

1952 wurde ein privilegierter Durchgangsverkehr mit täglich zwei Zugpaaren zwischen Bleiburg und St. Paul eingeführt, wobei das Kopfmachen in Dravograd Zeit kostete. Ab 1964 ermöglichte die auf kürzerer Trasse neu gebaute Jauntalbahn St. Paul – Bleiburg den Verzicht auf den Korridorverkehr; die Fahrzeit verkürzte sich um 70 Prozent.

## Das deutsche Eck

Der eingangs erwähnte günstige Weg von Salzburg nach Tirol über das bayerische Voralpenland blieb auch im 20. Jahrhundert attraktiv. Nachdem die ÖBB die elektrischen Schnelltriebzüge der Reihe 4010 für den Städteschnellverkehr beschafft hatten, bot es sich an, wieder über Rosenheim zu fahren, weil das Kopfmachen dieser Fahrzeuge in Rosenheim ohne Bremsprobe zulässig war und daher nicht viel Zeit in Anspruch nahm. Am 28. Juli 1967 wurde der Korridorverkehr Salzburg – Rosenheim – Kufstein aufgenommen. Ab 1969 nutzte auch der „Transalpin", der Star des österreichischen Fernverkehrs, diese Route – mit einem 4010. Die Attraktivität der Verbindung führte aber sehr bald zur Überschreitung der Kapazität der Triebzüge, sodass immer mehr lokbespannte Züge fuhren, bei denen jedoch das Umsetzen der Lok in Rosenheim Zeit kostete und den Bahnhofsbetrieb belastete. Deshalb wurde ab 1980 auf Kosten der ÖBB eine 1.215 Meter lange Umgehungskurve östlich des Bahnhofs Rosenheim gebaut und am 8. Februar 1982 feierlich eröffnet. Seitdem ist die Führung zahlreicher Schnell- und Güterzüge des österreichischen Binnenverkehrs über das „deutsche Eck" selbstverständlich geworden. Eineinhalb Stunden sparen die Fernreisezüge heute, wenn sie zwischen Salzburg und Innsbruck die deutsche Strecke über Rosenheim – Kufstein nutzen, anstelle der österreichischen Binnenverbindung via Zell am See.

Andreas Knipping

**Im September 1975 fährt dieser ungarische Triebwagen von Sopron nach Ebenfurt – er führt dabei einen ÖBB-Kurswagen von Oberpullendorf nach Wien mit** P. Schricker

Österreichs Eisenbahnen historisch

# Schwarz, grün, Jaffa

**Für ihre Fahrzeuge entwickelt die ÖBB in den 70er-Jahren eine neue Farbmischung: Tiefschwarz, Blutorange und Elfenbein ergeben die Jaffa-Lackierung. Diese ziert im Juli 1986 die 1044 und ihren Eilzug auf der Giselabahn Richtung Bischofshofen. Heute haben Rot- und Grautöne Jaffa großteils abgelöst. Sehenswert auf dem Foto ist auch der Bahnübergang aus k.u.k.-Zeiten** G. Wagner

*Stolze Dampfloks und urige Altbau-Elektroloks haben sich schon lange aus dem Bahnalltag des Alpenlandes verabschiedet. Doch auch manch anderes ist bereits passé. Impressionen vom Schienenverkehr ganz früher oder vor gar nicht allzu langer Zeit*

OBEN Für den Neujahrstag 1965 ist der Personenzug mit Dampflok 35.212 nichts Ungewöhnliches. Mit beeindruckender Dampffahne trifft die Maschine in Wald am Schoberpass ein T. Horn

LINKS Auf der Brennerbahn übernehmen die 1110 im Herbst 1991 einen erheblichen Teil der Güterzugleistungen. Bei St. Jodok fährt einer der Sechsachser bergwärts W. Kaiser

Für den Schnellzugverkehr erwiesen sich die „Krokodile" der BBÖ/ÖBB bald als zu langsam. Fortan übernahmen sie – weniger standesgemäß – Personen- und Güterzüge Slg. A. Knipping

RECHTS MITTE Nachschub für die Schmalspur-Dampflok: Die ÖBB-Maschine 298.24 wird in den frühen 60er-Jahren mit neuer Kohle bestückt Dr. P. E. Kristl/Slg. T. Wunschel

RECHTS Für Eisenbahnfreunde hat die Graz-Köflacher Bahn etwas Besonderes parat: zwei historische Dampfloks. Eine davon ist die 372 (Graz Köflacher Bf, 1965) T. Horn

Urlaubsreisende haben in den frühen 60er-Jahren ihre Automobile in Mallnitz auf die Bahn verladen. Von hier geht es durch die Berge Richtung Kärnten und Jugoslawien Slg. A. Knipping

LINKS MITTE Handarbeit ist im September 1970 bei der Steiermärkischen Landesbahn gefragt: So funktioniert der Gepäckdienst im Bahnhof Ratten T. Horn

LINKS Am Semmering leisten die 52er noch lange nach Kriegsende wertvolle Dienste. Lokversorgung in Mürzzuschlag Ende der 50er-Jahre Dr. P. E. Kristl/Slg. T. Wunschel

OBEN Drei Oldtimer von Stern&Hafferl geben sich im August 1968 im Bahnhof von Niederspaching ein Stelldichein: ET 20.214, ET 22.107 und ET 20.210 (v.l.) T. Horn

RECHTS Schnellverkehr am Semmering, 1978: Als TS 191 „Bundesländer-Express“ nach Wien eilt ein Triebwagen der Reihe 4010 über den Viadukt „Kalte Rinne“ L. Rotthowe

OBEN Die Pinzgauer Lokalbahn arbeitet im August 1961 bereits mit Dieseltraktion: 2095.02 wartet mit ihrem Reisezug in Zell am See auf das Abfahrtsignal T. Horn

LINKS Erst wenige Jahre alt und doch schon Geschichte: Im September 2000 fährt die 1040 noch im Personenverkehr Amstetten – Selzthal, hier in Gesäuse Eingang W. Kaiser

Urlaubsland Österreich: Davon künden 1968 auch die Fernreisezüge mit ihrem internationalen Wagenpark. In Bregenz steigen Reisende in einen 1./2.-Klasse-Wagen der SNCF J. Krantz

RECHTS MITTE Klassisches Dampflok-Schwarz trägt die Reihe 33. Die Leistungen der 2'D-Dampflok werden bei Südbahn, BBÖ und ÖBB gleichermaßen geschätzt Slg. A. Knipping

RECHTS Die Österreich-Variante der E 18 heißt bei den ÖBB 1018. Die hier gezeigte 1118.01 dagegen ist ein Einzelstück, nämlich die ehemalige Reichsbahnlok E 18 042 U. Kandler

Schmalspurbahnen

# Vor allem 760

*Die Erschließung unwegsamer Regionen machte das Alpenland zu einer Hochburg der Schmalspurbahnen – insbesondere jener mit 760 Millimetern Spurweite. Trotz mehrerer Stilllegungswellen ist das noch heute der Fall*

Die Dampflok-Reihe U steht für die Schmalspurbahn in Österreich schlechthin. Im September 1964 fährt U9 der Steiermärkischen Landesbahn in Mariapfarr ein T. Horn

Im September 1965 ist Lok 399.04 mit einem gemischten Personen-/Güterzug auf der Waldviertelbahn unterwegs. Dampfbetrieb gab es dort bis in die frühen 80er-Jahre T. Horn

Die 760-Millimeter-Bahn hat für den öffentlichen Verkehr in Österreich mittlerweile rund 125 Jahre Tradition. Diese Schmalspur-Spurweite machte den Anfang und ist auch heute in dem Alpenland am weitesten verbreitet; andere Spurweiten findet man eher selten.

Anfangs war die Einführung der Schmalspurbahn als solches aber umstritten. Schon vor dem Verlegen der ersten Schmalspurgleise Ende der 1880er-Jahre flammten Diskussionen über die Vor- und Nachteile gegenüber der Normalspur von 1.435 Millimetern auf. Positiv zu Buche schlugen die geringeren Bau- und Erhaltungskosten sowie die bessere Anpassung an die oft schwierigen topografischen Verhältnisse; demgegenüber brauchten Schmalspurbahnen einen eigenen Fuhrpark, zu den normalspurig angelegten Hauptstrecken musste umgestiegen bzw. umgeladen werden. Nach der Fertigstellung der großen Magistralen stand jedoch in der letzten Dekade des 19. Jahrhunderts die Erschließung von Seitentälern im Vordergrund, die oft weit abgelegen und auf dem Straßenweg schwer erreichbar waren. Denn der Anschluss an das Eisenbahnnetz war damals eine Voraussetzung für die Ansiedelung von Industriebetrieben sowie für den allgemeinen wirtschaftlichen Aufschwung einer Region. Um die ersehnte Schienenverbindung möglichst rasch zu erhalten, entschlossen sich daher viele der damals neu gegründeten Eisenbahnunternehmen für den Bau der billigeren Schmalspurbahn.

Die Wahl der Spurweite 760 Millimeter stand dabei außer Frage, denn die Heeresverwaltung betrieb bereits seit 1878 in Bosnien und Herzegowina derartige Schmalspurbahnen und bestand auf einer einheitlichen Spurweite innerhalb der österreichisch-ungarischen Monarchie, um im Kriegsfall Fahrzeuge umsetzen und für Heerestransporte nützen zu können. Die Spurweite von 760 Millimetern wird daher noch heute oft als „bosnische Spur" bezeichnet.

## Die „bosnische Spur" boomt

Innerhalb der heutigen Grenzen Österreichs entstanden Schmalspurbahnen in bosnischer Spur ab 1889. Vorreiter war die Steyrtalbahn in Oberösterreich (Garsten – Klaus mit Zweigstrecke Pergern – Bad Hall, Gesamtlänge 55,2 Kilometer), gefolgt 1890 von der teilweise in Oberösterreich gelegenen Salzkammergut-Lokalbahn (Salzburg – Bad Ischl, Zweigstrecke St. Lorenz – Mondsee, insgesamt 66,9 Kilometer). Bis zur Jahrhundertwende nahmen weitere sieben Schmalspurbahnen den Betrieb auf:

- 1892 die Stainzerbahn (Preding-Wieselsdorf – Stainz, 11,3 Kilometer),
- 1893 die Thörlerbahn (Kapfenberg – Au-Seewiesen, 22,7 Kilometer) und
- die Murtalbahn (Unzmarkt – Mauterndorf, 76,1 Kilometer),
- 1896 die Ybbstalbahn (Waidhofen an der Ybbs – Kienberg-Gaming, Zweigstrecke Gstadt – Ybbsitz, insgesamt 76,6 Kilometer), schließlich
- 1898 die Mariazellerbahn (St. Pölten Hbf – Gusswerk, Zweigstrecke Ober Grafendorf – Ruprechtshofen, insgesamt 117,5 Kilometer),
- die Gurktalbahn (Treibach-Althofen – Klein Glödnitz, 28,9 Kilometer) und
- die Pinzgauer Lokalbahn (Zell am See – Krimml, 52,7 Kilometer).

Auch am Beginn des 20. Jahrhunderts hielt der Schmalspurboom an. In Betrieb gingen:

- 1900 die Waldviertelbahn (Gmünd (Niederösterreich) – Litschau, Heidenreichstein bzw. Groß Gerungs, insgesamt 81,3 Kilometer) und
- die Zillertalbahn (Jenbach – Mayrhofen, 31,7 Kilometer),

**Blick in die Zugförderungsstelle Garsten in den 60er-Jahren. Die 1889 eröffnete Steyrtalbahn war die erste Schmalspurbahn in Österreich mit 760-Millimeter-Spurweite**
T. Horn (2)

- 1902 die Vellachtalbahn (Kühnsdorf – Eisenkappel, 17,5 Kilometer) sowie
- die Bregenzerwaldbahn (Bregenz – Bezau, 35,3 Kilometer).

„Nachzügler" waren 1911 die Feistritztalbahn (Weiz – Birkfeld, 1930 Verlängerung bis Ratten, insgesamt 42,2 Kilometer) und 1913 die Lokalbahn Mixnitz – St. Erhard. Bei den Jahreszahlen ist zu beachten, dass stets das Eröffnungsjahr des ersten Teilstückes angegeben wurde. Die Eröffnung von längeren Strecken erfolgte in der Regel in Etappen und zog sich daher oft über mehrere Jahre hinweg. Bei allen angeführten Bahnen handelt es sich um isolierte Strecken(-netze), die ihren Ausgang bei einem Bahnhof einer normalspurigen Strecke nahmen. Der Bau weitere Strecken sowie der Zusammenschluss einzelner Strecken zu größeren Schmalspurnetzen war zwar geplant, diese Vorhaben wurden aber vom beginnenden Ersten Weltkrieg vereitelt.

Nach Ende des Krieges hatte das nunmehr stark geschrumpfte Österreich mit mannigfaltigen wirtschaftlichen Problemen zu kämpfen, sodass lediglich 1926 die Lokalbahn Payerbach – Hirschwang (5,9 Kilometer) und 1927 die Lokalbahn Ruprechtshofen – Gresten (35,7 Kilometer, Verlängerung der Zweigstrecke der Mariazellerbahn) eröffnet werden konnten. Damit war die Verbreitung der bosnischen Spur mit einer Streckenlänge von insgesamt 768,2 Kilometern an ihrem Zenit angelangt.

## Staatlich und privat

Sämtliche hier besprochenen Schmalspurbahnen wurden von privaten Aktiengesellschaften bzw. von eigenen, bei den jeweiligen Landesverwaltungen gegründeten „Landesbahnen" gebaut und blieben auch vorerst in deren Besitz. Die Betriebsführung wurde jedoch in den meisten Fällen den Staatsbahnen oder großen privaten Eisenbahnunternehmen übertragen. Bis 1940 gingen die meisten Bahnen in Bundes- bzw. Landesbesitz über, nur die Salzkammergut-Lokalbahn, die Zillertalbahn und die Lokalbahn Mixnitz – St. Erhard blieben weiterhin in privater Hand.

Elektrische Schmalspurbahnen in bosnischer Spur blieben in Österreich die Ausnahme. Von Anfang an elektrisch betrieben wurden lediglich die in den 1920er-Jahren eröffneten Strecken Mixnitz – St. Erhard und Payerbach – Hirschwang, wobei Letztere aus einer bereits seit 1917 existierenden elektrischen Schleppbahn hervorging. Nachträglich elektrifiziert wurde noch die Mariazellerbahn, da sogar die 1906-08 gebauten Vierkuppler-Dampfloks der Reihe Mh (ÖBB-Reihe 399) der anspruchsvollen Gebirgsstrecke nicht gewachsen waren. Bereits 1907 entschied man sich daher zur Elektrifizierung der Strecke mit 6,5 kV Wechselstrom und 25 Hertz, wobei die Stromversorgung auch heute noch durch die im Ötscherland angesiedelten Wasserkraftwerke sichergestellt wird. Der erste elektrische Zug konnte nach knapp vierjähriger Bauzeit am 27. März 1911 zwischen Kirchberg an der Pielach und Laubenbachmühle verkehren; ab 7. Oktober 1911 war die Gesamtstrecke elektrisch befahrbar. Die zwischen 1911 und 1914 auf der Mariazellerbahn in Betrieb genommenen Elektrolokomotiven (E 1 – E 16, ÖBB-Reihe 1099) waren die ersten Elektroloks in Österreich und stehen auch heute noch im täglichen Einsatz, wenn auch mit stark verändertem Aussehen. Die neuen Aufbauten erhielten die Loks im Zuge einer grundlegenden Modernisierung zwischen 1959 und 1962.

## 1957 – der Anfang vom Ende

Mit Ausnahme der 1933 stillgelegten Teilstrecke Sierning – Bad Hall der Steyrtalbahn (10,6 Kilometer) überstanden sämtliche in bosnischer Spur angelegte Schmalspurbahnen den Zweiten Weltkrieg und leisteten nach 1945 einen wertvollen Beitrag zum Wiederaufbau des Landes. Mit der zunehmenden Motorisierung traten jedoch die Nachteile der schmalen Spur wieder mit voller Wucht zu Tage. Die Bahn war gegenüber Auto und Lkw nicht mehr konkurrenzfähig und es kam, wie es kommen musste: Nach der Einstellung des Personenverkehrs auf der Stainzerbahn (StLB) 1951 folgte 1957 die Gesamteinstellung der bis zuletzt in privater Hand befindlichen Salzkammergut-Lokalbahn. Diese wäre heute wegen der romantischen Linienführung entlang des Wolfgang- und des Mondsees zweifellos eine Touristenattraktion ersten Ranges.

**In Kürze tritt Lok 1 an diesem Sommertag 1964 mit ihrem Zug die steile Fahrt von Jenbach in die Berge an. Noch heute ist die Maschine bei der Achenseebahn im Einsatz**

**Beinahe flächendeckend im heutigen Österreich erschlossen Schmalspurbahnen entlegene Regionen** W. Kaiser

In den folgenden Jahren gab es weitere Einstellungen des Personenverkehrs auf der Thörlerbahn (StLB; 1959), auf der Lokalbahn Payerbach – Hirschwang (LBPH; 1963), auf der Lokalbahn Mixnitz – St. Erhard (LBMStE; 1966) und auf der Gurktalbahn (ÖBB; 1968). Der Gesamtverkehr endete im Abschnitt Seebach-Turnau – Au-Seewiesen der Thörlerbahn (StLB) 1964 und auf der Steyrtalbahn-Zweigstrecke Pergern – Sierning (ÖBB) 1967. 1968 gaben die ÖBB auf letztgenannter Strecke außerdem den Personenverkehr zwischen Molln und Klaus auf. 1971 war ein weiteres schwarzes Jahr für die schmale Spur, denn nun kam das Aus für die Gurktalbahn (ÖBB) und die Vellachtalbahn (ÖBB) und damit für die beiden Kärntner Schmalspurbahnen. Nur zwei Jahre später – 1973 – gaben die StLB den Personenverkehr zwischen Tamsweg und Mauterndorf (Murtalbahn) sowie auf der Feistritztalbahn auf. Von weiteren Streckensperrungen blieben die Schmalspurbahnen dann in den 1970er-Jahren verschont.

## Die 80er- und 90er-Jahre

Im Jahre 1980 wurden wiederum zahlreiche Schmalspur-Kilometer Opfer des Rotstiftes. Die ÖBB stellten den Gesamtverkehr auf den Streckenabschnitten Grünburg – Klaus (Steyrtalbahn) und Kennelbach – Bezau (Bregenzerwaldbahn) ein, auf der Feistritztalbahn kam es zur Einstellung des Betriebes im Abschnitt Birkfeld – Ratten. Ein schwarzes Jahr für Freunde des Schmalspur-Dampfes war 1982, als die ÖBB das Reststück Garsten – Grünburg der bis zum Schluss ausschließlich mit Dampf betriebenen Steyrtalbahn einstellten. Nur noch eine Frage der Zeit war die Aufgabe des Rumpfstückes der Bregenzerwaldbahn (Bregenz – Kennelbach), das im Januar 1983 erfolgte. Die StLB gaben bereits 1980 die Stainzerbahn und 1981 den Abschnitt Tamsweg – Mauterndorf der Murtalbahn komplett auf und wegen schwerer Mängel bei der Wartung der Gleisanlagen musste die LBPH den Güterverkehr von Amts wegen im Jahre 1982 aufgeben. Es war den ÖBB vorbehalten, Mitte der 80er-Jahre weitere Rücknahmen im Schmalspurverkehr vorzunehmen: 1986 erfolgte die Einstellung des Personenverkehrs auf den nördlichen Strecken der Waldviertelbahn (Gmünd – Litschau, Alt Nagelberg – Heidenreichstein); im Mai 1988 wurden die Bergstrecke der Ybbstalbahn (Lunz am See – Kienberg-Gaming) sowie der Abschnitt Mariazell – Gusswerk der Mariazellerbahn eingestellt.

Obwohl die ÖBB ab 1986 moderne Dieseltriebwagen für den Personenverkehr auf den noch verbliebenen 760-Millimeter-Bahnen beschafften (Reihe 5090), waren weitere Rücknahmen im

**Die Betriebsführung auf der Traunseebahn Vorchdorf – Gmunden liegt in Händen von Stern&Hafferl. Zwischenstopp eines Triebwagens in Laizing, 1977** J. Krantz

Verkehrsangebot und Einstellungen von Streckenabschnitten nicht aufzuhalten. Auch deshalb, weil der personalintensive und umständliche Güterverkehr (Rollwagenbetrieb bzw. Umladen im Endbahnhof) das Defizit der Bahnen weiter in die Höhe trieb. Was von den ÖBB-Schmalspurbahnen noch übrig ist, findet sich in der Tabelle. Dabei fehlt die Grestner Bahn (Wieselburg an der Erlauf – Gresten); sie wurde allerdings nicht eingestellt, sondern wegen des starken Güterverkehrs zu einem Profilwerk in Gresten und einem Sägewerk in Randegg im Jahre 1998 normalspurig ausgebaut. Mit der Umspurung verlor aber der westliche Streckenabschnitt der „Krumpe" (Ober Grafendorf – Wieselburg an der Erlauf) seine Funktion als Verbindung zu den Traktionsstandorten und Werkstätten in Ober Grafendorf und St. Pölten, sodass man den ohnehin spärlichen Personenverkehr 2000 bis Ruprechtshofen und 2002 bis Mank zurücknahm. Schmalspur-Güterverkehr wickeln die ÖBB heute nur noch im Streckenabschnitt Waidhofen an der Ybbs – Großhollenstein der Ybbstalbahn ab, wo einmal pro Woche ein Holzzug fährt. Wegen des eingeschränkten Lichtraumprofils ist ein Rollwagenbetrieb hier nicht möglich.

Aber nicht nur bei den ÖBB wurde die Schmalspurbahn zum unerwünschten Außenseiter erklärt; 1998 legten die StLB die Konzession für ihre Thörlerbahn zurück. Der 1990 gegründete Verein Thörlerbahn, der seit 1991 Bummelzüge auf dieser Strecke betrieb, musste daraufhin den Betrieb einstellen und mangels Unterstützung aus der Region und dem Land erfolgte ab 1999 die Abtragung der Strecke. Bereits 1993 gaben die StLB den nur noch dünnen Güterverkehr auf dem Abschnitt Oberfeistritz – Birkfeld der Feistritztalbahn auf.

**Der Güterumschlag in Zell am See wird im Bahnhof Tischlerhäusl der Pinzgauer Lokalbahn abgewickelt; deshalb liegt hier ein Vierschienengleis**

Heute existieren in Österreich noch 400 Streckenkilometer in bosnischer Spur, das entspricht 52 Prozent des Bestandes von 1927. Einzig und allein die Zillertalbahn rutschte in ihrer mittlerweile 106-jährigen Geschichte nie in die negativen Schlagzeilen, was mehreren Faktoren zu verdanken ist. Sie besitzt eine gute Anbindung der Orte durch zentrumsnahe Bahnhöfe, in der Region floriert der Tourismus das ganze Jahr und zudem siedelte sich in Fügen ein großer, Holz verarbeitender Betrieb an. Auch die nur durch den Gerlospass von der Zillertalbahn getrennte Pinzgauer Lokalbahn ist zwar noch in ihrer Gesamtlänge vorhanden, doch ist der 21,1 Kilometer lange Abschnitt Mittersill – Krimml seit dem Hochwasser vom Sommer 2005 nicht mehr befahrbar. Leider ist ein Wiederaufbau der Strecke nach heutigem Stand der Dinge nicht zu erwarten, da die ÖBB diesen von einer nennenswerten finanziellen Unterstützung des Landes Salzburg abhängig machen. Dort wird jedoch die Zahlung von mehreren Millionen Euro für einen nur von rund 20.000 Fahrgästen pro Jahr genützten Streckenabschnitt als reine Geldverschwendung angesehen ...

## Rettung durch Privatinitiative

Dass heute noch zahlreiche für den öffentlichen Verkehr eingestellte Schmalspurstrecken zumindest teilweise erhalten sind, ist der Verdienst von privaten Vereinen. Sie setzten sich trotz bürokratischer und finanzieller Hürden für die Erhaltung der Bahnen ein und bieten heute erfolgreich Nostalgiefahrten mit Dampf- und Dieselloks an. Die Leistungen dieser Vereine werden inzwischen auch von den Regionen anerkannt, sind sie doch oft schon zu fixen Bestandteilen im touristischen Angebot geworden. Andere Wege ging man bei der Waldviertelbahn, wo das Land Niederösterreich seit der Einstellung des planmäßigen Personenverkehrs am 31. Dezember 2000 in der Sommersaison regelmäßig verkehrende Sonderzüge bestellt, die

**Postverladung bei der Steiermärkischen Landesbahn im Bahnhof Weiz, September 1966. Zuglok ist die U7** T. Horn (2)

von der ÖBB-Geschäftseinheit Erlebnisbahn betrieben werden. Nur wenige Schmalspurbahnen sind daher komplett von der Landkarte verschwunden: Es handelt sich dabei lediglich um die Salzkammergut-Lokalbahn, die Vellachtalbahn und die Thörlerbahn.

## Meterspur – eine Ausnahme

Wie erwähnt, wurden die österreichischen Schmalspurbahnen wegen militärischer Belange überwiegend in bosnischer Spur angelegt. Ausnahmen galten unter anderem für die von Innsbruck ausgehenden, zwischen 1891 und 1904 eröffneten Lokalbahnen nach Hall in Tirol, Igls (Mittelgebirgsbahn) und Fulpmes (Stubaitalbahn), die wie das Straßenbahnnetz der Tiroler Landeshauptstadt in Meterspur angelegt wurden. Die zunächst mit Dampf betriebenen Strecken nach Hall und Igls wurden 1910 bzw. 1936 elektrifiziert und mit dem Straßenbahnbetrieb verschmolzen, während die 1904 eröffnete Stubaitalbahn als erste Bahn der Welt mit 2.500-V-Einphasen-Wechselstrom und einer Frequenz von 42,5 Hertz eröffnet wurde. Während die „Haller" 1974 dem Rotstift zum Opfer fiel, kann man heute noch mit der Mittelgebirgsbahn – mittlerweile als Straßenbahnlinie 6 bezeichnet – und mit der Stubaitalbahn (1983 Umstellung auf Gleichstrombetrieb) die reizvolle Bergwelt südlich von Innsbruck „erfahren".

Ebenfalls bis heute erhalten geblieben sind zwei meterspurige Lokalbahnen im oberösterreichischen Seengebiet: Die Traunseebahn (Vorchdorf-Eggenberg – Gmunden Seebahnhof) und die Attergaubahn (Vöcklamarkt – Attersee) nahmen den Betrieb 1912 bzw. 1913 mit 750-V-Gleichstrom auf und fahren heute mit gebrauchten Triebwagen aus der Schweiz.

Längst eingestellt, aber nicht vergessen ist die erste 1.000 Millimeter-Bahn Österreichs, die auch als die erste elektrische Eisenbahn Europas in die Geschichte einging. Es handelt sich dabei um die 1883 von der damaligen Südbahn-Gesellschaft eröffnete und mit 500-V-Gleichstrom elektrifizierte Lokalbahn Mödling – Hinterbrühl, die jedoch bereits 1932 ihren Betrieb beendete.

Noch krassere Außenseiter in Bezug auf die Spurweite waren die 1913 eröffnete und 1973 eingestellte Florianerbahn (900 Millimeter Spurweite, Ebelsberg – St. Florian), die in Ebelsberg eine gemeinsame Endstelle mit der ebenfalls auf 900-Millimeter-Gleisen verkehrenden Linzer Straßenbahn hatte, und die 1953 mit 600-Millimeter-Spurweite erbaute Reißeck-Höhenbahn in Kärnten, auf der seit 1965 öffentlicher Personenverkehr abgewickelt wird.

## Zahnradbahnen in die Berge

Sie dienten schon immer dem Vergnügen und dem Tourismus und sind doch keine „Erfindung" von heute. Die Rede ist von den meterspurigen Zahnradbahnen, die im letzten Viertel des 19. Jahrhunderts auf die schönsten österreichischen Aussichtsberge sowie zum Tiroler Achensee eröffnet wurden. Glücklicherweise wurde nur die 1887 eröffnete Bahn auf den Salzburger Gaisberg 1928 eingestellt, während die Schneebergbahn, die Schafbergbahn und die Achenseebahn bis heute in Betrieb sind. Die 1889 eröffnete und von einer privaten Aktiengesellschaft betriebene Achenseebahn unterscheidet sich dabei grundlegend von den beiden anderen – mit dem Zahnstangensystem Abt ausgerüsteten – Bahnen, da sie teilweise Adhäsionsbetrieb aufweist. Direkt bei der Ausfahrt aus dem Bahnhof Jenbach beginnt der 3,4 Kilometer lange Zahnstangenabschnitt (System Riggenbach), der kurz vor Erreichen der Betriebsausweiche Eben endet. Dort setzt sich die zuvor schiebende Lok an die Zugspitze und zieht den Zug über die ebenfalls 3,4 Kilometer lange Adhäsionsstrecke weiter bis zu dem direkt am Ufer des Achensees gelegenen Endpunkt der

**Über die Dächer von Waidhofen an der Ybbs rollt im Mai 1990 dieser „kombinierte" Zug der Ybbstalbahn. An der Spitze eine ÖBB-2095** M. Beitelsmann

**Neben den berühmten Elektroloks (s. Bild r.) fahren auf der Mariazellerbahn heute moderne Triebwagen (bei Erlaufklause)** W. Kaiser

**Nach wie vor zählt die Mariazellerbahn zu den markantesten Linien auf 760-Millimeter-Spur; Zugbegegnung in Obergrafendorf** M. Weltner

## Schmalspurbahnen in Österreich (ohne Museumsbahnen), Stand: Februar 2006

| Eisenbahnunternehmen/ Bezeichnung | Spurweite | Eröffnung | STA | VU | Strecke | Länge km | Triebfahrzeuge (ohne Museumsfahrzeuge) |
|---|---|---|---|---|---|---|---|
| AB – Achenseebahn AG | 1.000 | 1889 | V(Z) | 2 | Jenbach – Achensee Schiffstation | 6,8 | 1 – 3 (D), „Schöma“ (V) |
| GV – Lokalbahn Gmunden – Vorchdorf AG (Traunseebahn) | 1.000 | 1912 | E | 2 | Gmunden Seebahnhof – Vorchdorf-Eggenberg (Betriebsführung durch St&H) | 14,6 | 23.105, 106, 111, 112 (ET) |
| LBMStE – Lokalbahn Mixnitz – St.Erhard AG | 760 | 1913 | E | 3 | Mixnitz – St. Erhard (Betriebsführung durch StLB) | 10,3 | 1 – 4 (E) |
| NÖSBB – Schneebergbahn | 1.000 | 1897 | VZ | 2 | Puchberg am Schneeberg – Hochschneeberg | 9,7 | 999.01 – 05; 999.101 (alle D); 11 – 13 (VT) |
| ÖBB – Mariazellerbahn | 760 | 1898 | E | 2 | St.Pölten Hbf – Mariazell | 84,2 | 1099.001 – 014, 016 (E); 4090.001 – 003 (ET) |
| ÖBB – Krumpe | 760 | 1898 | V | 2 | Ober Grafendorf – Mank | 18,0 | 2095.006, 011, 013 (V); 5090 004, 005, 014 – 017 (VT) |
| ÖBB – Pinzgauer Lokalbahn | 760 | 1898 | V | 2 | Zell am See – Krimml (Mittersill – Krimml zz. nicht befahrbar) | 52,7 | 2092.002 (V); 2095.001, 004, 015 (V); 5090 001 –003, 006 – 008 (VT) |
| ÖBB – Waldviertelbahn | 760<br>760 | 1902<br>1900 | V<br>V | 2<br>2 | Gmünd NÖ – Groß Gerungs;<br>Gmünd NÖ – Litschau (Betriebsführung durch ÖBB-Erlebnisbahn) | 43,0<br>25,3 | 2095.012, 014 (V) |
| ÖBB – Ybbstalbahn | 760<br>760 | 1896<br>1899 | V<br>V | 1<br>2 | Waidhofen an der Ybbs – Lunz am See<br>Gstadt – Ybbsitz | 53,5<br>5,7 | 2095.005 ,007 – 010 (V); 5090.009 – 013 (VT) |
| ÖBB – Schafbergbahn | 1.000 | 1893 | VZ | 2 | St. Wolfgang Schafbergbahnhof – Schafbergspitze | 5,8 | 0999.102 – 104, 106; 0999.201 – 204 (alle D); 5099.001 – 002 (VT) |
| STB – Innsbrucker Verkehrsbetriebe und Stubaitalbahn GmbH | 1.000 | 1904 | E | 2 | Innsbruck Stubaitalbahnhof – Fulpmes | 18,2 | 81 – 88 (ET) |
| StLB – Murtalbahn | 760 | 1894 | V | 1 | Unzmarkt – Tamsweg | 64,5 | U.11, 40 (D), VL 6, 12, 13 (V); 31 – 35 (VT) |
| StLB – Feistritztalbahn | 760 | 1911 | V | 3 | Weiz – Oberfeistritz | 11,5 | RT 3 (V); VL 4, 8, 15, 22, 23, 24 (V) |
| VA – Lokalbahn Vöcklamarkt – Attersee AG (Attergaubahn) | 1.000 | 1913 | E | 2 | Vöcklamarkt – Attersee (Betriebsführung durch St&H) | 13,3 | 26.109 – 111 (ET) |
| Verbund – Austrian Hydro Power AG (Reißeck-Höhenbahn) | 600 | 1965 | V | 1 | Schoberboden – Sporthotel Reißeck (Betriebsführung durch Tauern Touristik GmbH) | 3,3 | 1 – 3 (V) |
| ZB – Zillertaler Verkehrsbetriebe – Zillertalbahn | 760 | 1900 | V | 1 | Jenbach – Mayrhofen | 31,7 | 2 – 6 (D); D 8 – 14 (V); VT 3 – 8 (VT) |
| **Gesamt** | | | | | | **472,1** | |

**VU (= Verkehrsumfang):** 1 = Gesamtverkehr (Personen- und Güterverkehr); 2 = nur Personenverkehr; 3 = nur Güterverkehr; Etwaige Nostalgie- und Sonderzugverkehre wurden nicht berücksichtigt.

**STA (=Streckenausrüstung):** E = elektrifizierte Strecke; V = nicht elektrifizierte Strecke; VZ = nicht elektrifizierte Strecke, Zahnradbahn System Abt; V(Z) = nicht elektrifizierte Strecke, tw. Zahnradbahn System Riggenbach

**Triebfahrzeuge:** D = Dampflokomotive; E = Elektrolokomotive; ET = Elektrotriebwagen; V = Verbrennungslokomotive; VT = Verbrennungstriebwagen

Strecke. Zum Einsatz kommen ausschließlich die aus dem Eröffnungsjahr stammenden Dampfloks 1 – 3.

Modernisiert wurde hingegen in den 1990er-Jahren der Fuhrpark der Schneebergbahn und der Schafbergbahn. Erstere wird heute mit Hunslet-Dieseltriebzügen („Salamander“) betrieben, Letztere mit ölgefeuerten Neubau-Dampfloks der Schweizer Firma SLM (Reihe 999.2). Auf beiden Bahnen verkehren aber auch regelmäßig Nostalgiezüge mit den Dampfloks (Reihe 999) und Vorstellwagen aus der Anfangszeit. Die zuvor stark einstellungsgefährdete Schneebergbahn wurde 1997 von den ÖBB in die neue Betriebsgesellschaft Niederösterreichische Schneebergbahn GmbH (NÖSBB) eingebracht, deren Gesellschafter die Niederösterreichische Verkehrsorganisationsgesellschaft (NÖVOG) und wiederum die ÖBB sind. Von der Schafbergbahn wollen sich die ÖBB dagegen komplett trennen, weshalb es im Sommer 2005 zu einer entsprechenden Ausschreibung kam. Mitte Februar 2006 wurde bekannt, dass die beliebte Ausflugsbahn in Zukunft unter der Flagge der Salzburg AG fahren wird.

WOLFGANG KAISER

**links unen: Betrieb in St. Georgen im Attergau: Der modernisierte ET 26 112 (ex Schweiz, Baujahr 1951) überholt den ET 23 102 von 1912** P. Schricker

**rechts unten: Die dampflokbespannten Züge der Zillertalbahn haben weit über Österreich hinaus Berühmtheit erlangt** C. Riedel

Impressionen auf Normalspur: Der EuroCity 64 mit dem klangvollen Namen „Maria Theresia" erklimmt 1990 auf seinem Weg von Wien nach Zürich mit 1044 123-6 den Arlberg bei Pettneu. Aufgrund des hohen Zuggewichtes wird er von einer 1020 nachgeschoben. Heute ist an dieser Stelle die Bahn verschwunden; die zweigleisige neue Trasse verläuft nun direkt neben der Autobahn

Michael Beitelsmann

# Zeitreise,

Die Bewunderung der Wandersleut' ist dem D-Zug auf der Tauernbahn in den 20er-Jahren sicher: Mit einer Lok der Reihe 380 an der Spitze erklimmt er die Nordrampe der Strecke Slg. T. Wunschel

# die zweite

## Dampftraktion in Österreich gestern und heute

12
11

**Die 310 ist der Stolz der BBÖ. Im Juni 1930 eilt sie mit einem Luxuszug der Compagnie Internationale des Wagons-Lits durch den Bahnhof Rekawinkel**

J. Stögermayr/Slg. T. Wunschel

Nebenbahn-Idylle in den frühen 60er-Jahren: Lok 91.41 steht mit einem Personenzug im Bahnhof Neuberg bereit

P. Kristl/Slg. T. Wunschel

unten: Parade der Schnellzugloks mit den Reihen 109, 113 und 310 in Wien West

Slg. T. Wunschel

Wien Westbahnhof im Juni 1929: 113.39 zieht mit ihrem Personenzug an einer langen Schlange von Lokomotiven der Kaiserzeit vorbei J. Stögermayr/Slg. T. Wunschel

Unterwegs auf der Westbahn anno 1937: Ein Exemplar der Reihe 310 nähert sich mit D 156 dem Dürreberg-Tunnel Slg. T. Wunschel

Betrieb im Zweiten Weltkrieg: Eine 214, nun mit der Nummer 12 009 der Deutschen Reichsbahn, passiert mit ihrem D-Zug das Stift Melk. Hielscher/Slg. T. Wunschel

12 009

Hzhs.
Wien I
Hzhs.
Wien I

**Blank geputzt brilliert die 310.19 im September 1931 vor dem Luxuszug L 129 in Wien Westbahnhof** J. Stögermayr/Slg. T. Wunschel

Im Jahr 1939 ist die BBÖ erst einmal Geschichte: Die Deutsche Reichsbahn hat den Lokbestand übernommen und in ihr Nummernschema eingereiht. Die nunmehrige 39.309 fährt mit einem Schnellzug aus Wien durch Schwarzenau Richtung Böhmen Oppenheim/Slg. T. Wunschel

Am 9. Juni 1928 hat 310.16 die Ehre, den Orient-Express zu bespannen. Soeben verlässt sie mit dem Luxuszug Wien

Stögermayr/Slg. T. Wunschel

Insgesamt 100 Lokomotiven der Reihe 310 wurden von den BBÖ beschafft. Zwei aus dieser Lieferung, 310.05 und 310.64, verlassen 1936 mit einem Schnellzug Wien Westbahnhof Slg. T. Wunschel

Immer wieder veranstalten die ÖBB Sonderfahrten und Nostalgieschauen; im Oktober 1999 luden sie nach Selzthal ein U. Miethe

## Eisenbahnmuseen und Museumsbahnen

# Alten Zeiten auf der Spur

*In Österreich hält eine Vielzahl von Eisenbahnmuseen und Museumsbahnen die Erinnerung an frühere Zeiten wach. Die bedeutendsten in Kurzportraits*

### Eisenbahnmuseum Strasshof

In der Nähe von Wien gibt es einen Platz, wo die österreichischen Veteranen der Schiene zu Hause sind: Das Eisenbahnmuseum Strasshof wurde im Bereich der früheren Zugförderungsstelle, die bis 1978 durch die ÖBB betrieben wurde, durch den 1. österreichischen Straßenbahn und Eisenbahnclub (1.öSEK) eingerichtet und 1984 eröffnet. 1999 wurden dem Museum auch die Eisenbahnexponate des Technischen Museums in Wien zur Betreuung übertragen. Zu Jahresbeginn 2006 wurden außerdem noch mehrere Elektroloks von Wien zum Museumsstandort überstellt. Das Museum verfügt über 84 Lokomotiven und 180 Wagen im originalen Ambiente. Eisenbahnhistorische Führungen machen die Besucher mit der technischen Entwicklung des Rollmaterials vertraut. Einige Lokomotiven werden zu bestimmten Tagen auf dem Freigelände in Betrieb genommen, wobei auch Führerstandsmitfahrten möglich sind. Den Alltag der Dampflokzeit kann man hierbei realistisch miterleben – mit Wenden auf der Drehscheibe, Bekohlung per Kohlenaufzug und Wasser fassen am Wasserkran.

### ÖGEG

Die Gründung der Österreichischen Gesellschaft für Eisenbahngeschichte reicht in das Jahr 1976 zurück. Damals war es das erklärte Ziel, sich für die Rettung und Wiederinstandsetzung einer Dampflok der Baureihe 78 einzusetzen. Den Grundstein legte man mit dem Kauf der 78.618, die rechtzeitig zum 150-Jahr-Jubiläum der österreichischen Eisenbahn 1987 betriebsfähig wurde.

1978 wurden weitere Loks erworben. Den Anfang machte die 93.1455, womit die ÖGEG der erste private Betreiber von Dampfloks wurde. Es folgten Ma-

Die beiden Trestlework-Brücken nach US-amerikanischem Vorbild sind die große Attraktion der Ybbsthalbahn-Bergstrecke. Im Juni 1994 befährt eine Dampflok der Reihe U eines der Bauwerke G. Schütze

Kaum verändert hat sich das Heizhaus in Strasshof; waren Anfang der 80er-Jahre noch regulär 93er hier hinterstellt, so beherbergt es heute viele Nostalgiedampfloks der ÖBB M. Weltner

schinen der Reihen 52 und 392. Einen Meilenstein stellte der Kauf einer rumänischen 142 dar. Die 142.063 ist ein Lizenzbau und entspricht der Schnellzuglok der Reihe 214 (ÖBB-Reihe 12), die einst das Glanzstück des österreichischen Dampflokbaus darstellte. Nach einer Hauptuntersuchung konnte man die Lok 1993 erstmals unter Dampf setzen. Daneben kaufte die ÖGEG Dampfloks aus der früheren DDR sowie Elektroloks und Dieseltriebwagen der ÖBB.

Die ÖGEG-Dampfloks fahren zum einen im regelmäßigen Museumsbahnverkehr auf der 11 Kilometer langen Strecke Ampflwang – Timelkam, zum anderen kommen die „Großloks" auch vor Sonderzügen auf ÖBB-Strecken zum Einsatz. Jüngste Erwerbungen sind je eine preußische P 8 und G 10, die in Rumänien erworben, hauptuntersucht und als Reihe 638 und 657 (gemäß dem ÖBB-Nummernsystem nach dem Zweiten Weltkrieg) wieder in Dienst gestellt wurden. Letztere besitzt sogar eine Zulassung für die Strecken der Deutschen Bahn AG und bespannt gelegentlich Sonderzüge in Südostbayern.

Die ÖGEG ist im Bundesland Oberösterreich angesiedelt und hat heute ihre Bleibe in Ampflwang gefunden. Zur Landesausstellung Oberösterreich, die dort vom 6. Mai bis zum 5. November 2006 stattfindet, wurde ein neues Betriebswerk gebaut, und zwar ein überaus großzügiges. Hier entstand ein 21-ständiger Halbrundschuppen, zu erreichen über eine gebraucht aus Deutschland erworbene 26-Meter-Drehscheibe. Sie kann auch die längsten Schlepptender-Dampfloks des Vereins aufnehmen.

## Eisenbahnmuseum Schwechat

Dieses Museum wird vom Verein VEF betrieben und liegt im Bundesland Niederösterreich, südöstlich von Wien. Der Standort in Schwechat befindet sich an der Flughafenschnellbahn S7 und auf der geschichtsträchtigen Pressburger Bahn. Diese bildet den Schwerpunkt in der Sammlung des Museums; dort findet man Fahrzeuge aus der Gründerzeit der Bahngesellschaft sowie von den kkStB. Auch Fahrzeuge jüngeren Datums sind in Schwechat untergebracht. Zu den bekanntesten Exponaten gehören der VT 5041.03 der ÖBB, die 91.107 sowie die GySEV-Lok 124 – alle betriebsfähig.

Während es nur wenige Eisenbahnmuseen in Österreich gibt, bieten die Museumsbahnen in den verschiedenen Bundesländern reichlich Abwechslung.

## Vorarlberg

### Bregenzerwaldbahn

Der Verein betreibt auf wenigen Kilometern zwischen Bersbuch und Bezau entlang der früheren ÖBB-Schmalspurbahn einen recht ambitionierten Museumsverkehr. Auf der Strecke mit 760 Millimetern Spurweite fahren im Sommer Züge, mitunter mit früheren ÖBB-Loks wie der Diesellok 2091 oder die Dampflok 498.

### Internationale Rhein-Regulierungsbahn

Von Lustenau bis zur Rheinmündung führt die 750-Millimeter-Strecke der Internationalen Rhein-Regulierung. Auf der Dienstbahn, die bis in die Schweiz reicht, setzt der Verein Rheinschauen dampflokbespannte Sonderzüge ein.

## Oberösterreich

### Steyrtalbahn

Die Steyrtalbahn wird von der ÖGEG seit 1985 während der Sommermonate zwischen Steyr und Grünburg betrieben. Zum Einsatz kommen dabei die für Österreich so typischen Zweiachser-Garnituren mit Dampfloks aus der Gründerzeit, wofür die Loks 298.102 und 106, die 298.52 und 53, die 498.04 und eine 699 zur Verfügung stehen. Der Museumsbetrieb findet auf einem Teilstück der früheren Steyrtalbahn statt; auf 760-Millimeter-Spurweite ging es von Garsten nach Klaus am Pyhrn.

## Niederösterreich

### Waldviertler Schmalspurnetz

Auf dem 760-Millimeter-Netz im Waldviertel entstand nach Aufgabe der letzten Planleistungen ein Museumsbetrieb am Wochenende. Dabei fahren auf der Strecke Alt Nagelberg – Heidenreichstein die Züge des Waldviertler Schmalspurvereins. Die Strecken Gmünd – Groß Gerungs und Gmünd – Alt Nagelberg – Litschau hingegen gehören der ÖBB und werden von deren Museumsfahrzeugen genutzt.

### Ybbsthalbahn-Bergstrecke

Die ehemalige ÖBB-Schmalspurbahn Lunz am See – Pfaffenschlag – Kienberg-Gaming befindet sich heute im Besitz des Vereins Niederösterreichische Lokalbahnen. Die 760-Millimeter-Strecke weist Steigungen bis zu 35 Promille auf und wird in den Sommermonaten von Dampfzügen befahren.

Seit 1987 schicken die ÖBB eine 310 auf Nostalgietour (Foto bei Gänserndorf) U. Kandler

**Höllentalbahn**
Einen besonderen Leckerbissen in der Nähe zur Semmeringbahn stellt die schmalspurige Höllentalbahn von Payerbach-Reichenau nach Hirschwang dar. Der Verein hat für den Museumsbetrieb auf der 760-Millimeter-Strecke erst vor wenigen Monaten ein neues Museumsfahrzeug in Betrieb genommen: einen elektrischen Triebwagen.

## Kärnten

**Gurkthalbahn**
Die Gurkthalbahn war 1974 die erste Museumsbahn Österreichs. Sie umfasst jedoch nur noch den 3,3 Kilometer langen Abschnitt Treibach-Althofen – Pöckstein-Zwischenwässern der einstigen Schmalspurstrecke bis nach Klein-Glödnitz. Der Museumsbetrieb im Gurktal findet in den Sommermonaten statt, jeweils mit dampflokbespannten Zügen. Auf der 760-Millimeter-Strecke fahren Loks der Achsfolgen B bis D. Kleine Anmerkung noch zum Namen: Das Gurktal wird heute ohne h geschrieben; der Begriff „Gurkthalbahn" ist – wie übrigens bei der Ybbsthalbahn-Bergstrecke auch – historisch bedingt.

**Nostalgiebahnen in Kärnten**
Zwei normalspurige Strecken werden von dem Verein Nostalgiebahnen in Kärnten (NBiK) unterhalten. Der „Lavantblitz" fährt zwischen St. Paul und Lavamünd mit der Diesellok 383.010. Die zweite Strecke verläuft im Rosental als Museumsbahn von Weizelsdorf nach Ferlach. Der Verein besitzt zwei Dampfloks und setzt diese regelmäßig

**rechts: Selbst große Maschinen, wie die 12.14, kann man noch im Betriebsdienst erleben. Hier macht die Lok in Salzburg Hbf Station** B. Reichert

**unten: Dampffahrtag auf der Feistritztalbahn mit der 83-180 und der Kh 101 des Club U44** Höglinger

## Adressen und Anlaufstellen

### Eisenbahnmuseen

**Eisenbahnmuseum Strasshof:**
Das Heizhaus
Eisenbahnmuseum Strasshof
Sillerstraße 123 · A-2231 Strasshof
Tel.: 0043/(0) 22 87/30 27
Fax: 0043/(0) 22 87/30 27 – 4
www.eisenbahnmuseum-heizhaus.com

**ÖGEG (+ Steyrtalbahn):**
ÖGEG
Postfach 11
A-4018 Linz
www.oegeg.at
Ansprechpersonen (Sonderzüge + Timelkam):
Tel. 0043/664/22 10 279 – Herr Kleck
(Mo – Fr 19:00 bis 21:00 Uhr)
0043/664/43 44 666 – Herr Pötzelsberger (dito)
Fax: 0043/662/821 164
Ansprechperson (Steyrtalbahn)
Tel. 0043/664/38 12 298 – Herr Lobner
Fax: 0043/7257/7102 (Bahnhof Grünburg)

**VEF – Eisenbahnmuseum Schwechat:**
VEF – Verband der Eisenbahnfreunde
Postfach 28 · A-1203 Wien
www.vef.at

### Museumsbahnen

**Bregenzerwaldbahn:**
Verein BWB
A-6941 Langenegg 39
Tel.: 0043/(0)664/46 62 330
Fax: 0043/(0)55 13/61 92-4
www.waelderbaehnle.at

**Erzbergbahn:**
Verein Erzbergbahn
Hauptstraße 140 · A-8794 Vordernberg
Tel.: 0043/3849/832
Fax: 0043/3849/21 995
www.erzbergbahn.at

**Feistritztalbahn:**
Feistritztalbahn Betriebs GmbH
Hauptplatz 13 · A-8190 Birkfeld
Tel.: 0043/(0) 31 74/45 07-20
Fax: 0043/(0) 31 74/45 07-60
www.feistritztalbahn.at

**Gurkthalbahn:**
Gurkthalbahn – Kärntner Museumsbahn
A-9330 Althofen
Tel.: 0043/664/17 07 136
www.gurkthalbahn.at

**Höllentalbahn:**
HPG – Höllentalbahn-Projekt GmbH
Poschgasse 6 · A-1140 Wien
www.erlebnisbahn.at/hoellentalbahn/info.html

**Nostalgiebahnen in Kärnten:**
Nostalgiebahnen in Kärnten (NBiK)
Postfach 27 · A-9028 Klagenfurt
Tel.: 0043/(0)463/740 368
Tel.: 0043/(0) 664/ 530 19 33
Fax: 0043/(0)463/740 208
www.nostalgiebahn.at

**Rhein-Regulierungsbahn:**
Verein Rheinschauen
Höchster Straße 4 · A-6983 Lustenau

**Stainzer Flascherlzug:**
Marktgemeinde Stainz oder TVB Stainz
A-8510 Stainz
Tel.: 0043/(0)664/11 29 599
Tel.: 0043/(0) 34 63/55 00
http://www.stainz.at/stainz/zug.htm
www.flascherlzug.at

**Taurachtalbahn:**
Club760 – Verein der Freunde der Murtalbahn
Postfach 51 · A-8850 Murau
http://www.club760.at

**Tourismusbüro Payerbach**
Ortsplatz 7 · A-2650 Payerbach
Tel.: 0043/(0)26 66/52 423-12
Fax: 0043/(0)26 66/52 423-13
www.payerbach.at

**Tourismusbüro Reichenau**
Hauptstraße 63 · A-2651 Reichenau/Rax
Tel.: 0043/(0)26 66/52 865
Fax: 0043/(0)26 66/54 266
www.reichenau.at

**Waldviertler Schmalspurbahnverein:**
Waldviertler Schmalspurbahnverein
Bahnhofstraße 59
A-3871 Alt-Nagelberg
Tel.: 0043/(0)664/358 10 99
oder 0043/(0)664/35 00 015
www.erlebnisbahn.at/wsv

**Ybbstalbahn-Bergstrecke:**
Niederösterreichische Landesbahnen
Poschgasse 6 · A-1140 Wien

mit passenden Personenzugwagen ein. Auch Fahrzeuge „abseits" der Eisenbahn gehören zum Bestand des NBIK, z. B. eine sehenswerte Oldtimer-Busflotte oder die Nostalgieschifffahrt am Wörthersee.

Historisches Flair verbreitet die Gurkthalbahn im Bahnhof Pöckstein-Zwischenwässern (Bild vom Oktober 1998)
A. Ditterich

## Steiermark

### Erzbergbahn

Normalerweise werden Museumsbahnen immer mit dem Einsatz von Dampfloks in Verbindung gebracht. Nicht so bei der Erzbergbahn, die den Erzberg mit ehemaligen ÖBB-Schienenbussen passiert. Die Fahrt beginnt im Bahnhof Vordernberg Markt und führt nach Erzberg; dabei fahren die Züge im Adhäsionsbetrieb, die Zahnstange wurde ausgebaut. Leider kann man die Strecke nicht per Zug erreichen; der direkte Zubringerverkehr wurde durch die ÖBB gekappt.

### Feistritztalbahn

Nördlich von Weiz wird die Feistritztalbahn durch die Steiermärkische Landesbahn wochentags im Güterverkehr sowie an Wochenenden mit Dampfzügen des Clubs U.44 betrieben. Der Verein bedient dabei die Strecke nach Birkfeld – eine 760-Millimeter-Strecke, die zahlreiche Kunstbauten aufweist. Zum Einsatz kommen die U.44, die 100.13 (vormals eine Werklok), die bosnische 83.180 oder die Kh.101.

### Stainzer Flascherlzug

Sehr bekannt ist der Stainzer Flascherlzug in der südlichen Steiermark. Er fährt auf der Stainzer Lokalbahn (Preding-Wieselsdorf – Stainz), einer 760-Millimeter-Strecke. Sie ist eine Nebenlinie der Graz-Köflacher Bahn (GKB) und kann mit deren Zügen erreicht werden. Der Flascherlzug wird seit 1971 wieder als Sonderzug geführt und gerne von Reisegruppen gechartert.

### Taurachbahn

Die Taurachbahn ist eine Fortsetzung der schmalspurigen Murtalbahn (760-Millimeter-Spurweite) von Tamsweg nach Murau und wird vom Club 760 betreut, nachdem die Strecke 1973 für den Personenverkehr und 1978 für den Güterverkehr eingestellt wurde. Der Club 760 setzt seine historischen Fahrzeuge dort ein, wobei ein sehr interessanter Fuhrpark aus Dampfloks (SKGLB S12, U40, Z6) und Dieselloks (2091.03) besteht. Erfreulich ist aber auch, dass die clubeigenen Fahrzeuge an andere Museumsbahnen verliehen werden und dort für eine lohnende Abwechslung sorgen.

Nicht direkt als Museumsbahnen bezeichnen kann man die **Achenseebahn** und die **Zillertalbahn** (beide im Bundesland Tirol), die **Schafbergbahn** (Salzburg) und die **Schneebergbahn** (Niederösterreich). Diese vier Schmalspurbahnen bieten einen Regelbetrieb mit historischen Fahrzeugen. Daher wurden sie in den Beitrag „Schmalspurbahnen“ aufgenommen.

Markus Inderst/GM

oben: Schmalspurdampf: ÖGEG-Lok 699.03 auf der Steyrtalbahn Vranicek

links oben: Auf diesem Bild fährt die 298.25 noch bei der Steyrtalbahn; mittlerweile kommt sie bei der Bregenzerwaldbahn zum Einsatz D. Höllerhage

links unten: Die ÖGEG besitzt auch Loks der DR. Die 86 501, hier noch auf der Linzer Lokalbahn, zählt zurzeit nicht zum Einsatzbestand W. Kaiser

Oberhalb des Wolfgangsees klettert ein Zug Richtung Schafberg-Spitze B. P. Reichert

■ Die Schafberg-Bahn

# Dampf ist Trumpf

*Sie ging als vierte Zahnradbahn des Landes in Betrieb und fährt heute mit modernen Dampfloks. Beim Publikum ist die Schafberg-Bahn außerordentlich beliebt*

Zwei Privatpersonen erhielten 1872 – ein Jahr nach der Eröffnung der ersten europäischen Zahnradbahn auf die Rigi in der Schweiz – eine Konzession zum Bau einer Zahnradbahn von St. Wolfgang auf die 1.783 Meter hohe Schafberg-Spitze. Diese war wegen des herrlichen Rundblicks als Ausflugsziel sehr beliebt. Die Wirtschaftskrise von 1873 vereitelte jedoch das Vorhaben.

1890 bemühte sich die Salzkammergut-Lokalbahn (SKGLB) um die Strecke – mit Erfolg. Am 1. August 1893 wurde die von Stern & Hafferl gebaute Schafberg-Bahn eröffnet. Sie war die vierte Zahnradbahn Österreichs, nach der Kahlenberg-Bahn in Wien (eröffnet 1874, eingestellt 1922, Normalspur), der Gaisberg-Bahn in Salzburg (eröffnet 1887, eingestellt 1928, Meterspur) und der Achensee-Bahn in Tirol (eröffnet 1889, Meterspur).

Die Baureihe 5090, hier in der Bergstation, dient heute nur noch als Reserve W. Kaiser

## Von 540 auf 1.732 Meter

Auf 5,8 Kilometern Länge überwindet die Strecke 1.190 Meter Höhenunterschied, was einer durchschnittlichen Steigung von 200 Promille entspricht. Die Bahn beginnt am Ufer des Wolfgangsees (Seehöhe 540 Meter), ist mit Zahnstangen des Systems Abt ausgestattet und verfügt über zwei Ausweichen. Die Bergstation liegt nur knapp unterhalb der Schafberg-Spitze auf 1.732 Metern Höhe; sie ist damit nach dem Bahnhof Hochschneeberg der Schneeberg-Bahn (1.795 Meter) der zweithöchste Bahnhof Österreichs. Vom nahen Gipfel (1.762 Meter) bietet sich ein grandioser Rundblick auf die Seenwelt des Salzkammergutes sowie auf die Gebirgsgruppe der Tauern.

Wegen finanzieller Probleme musste die SKGLB die erfolgreiche Bahn zum 30. November 1931 an das Österreichische Verkehrsbüro verkaufen, das die Bundesbahnen (BBÖ) mit der Betriebsführung beauftragte. Die Verstaatlichung erfolgte 1939 durch die Deutsche Reichsbahn.

Nach dem Zweiten Weltkrieg stiegen die Fahrgastzahlen stetig an und bald kam es zu Kapazitätsengpässen, zumal die sechs, bei Krauss in Linz hergestellten Dampfloks (ÖBB-Reihe 999.1) nur einen Vorstellwagen befördern konnten. 1964 beschafften die ÖBB daher zwei Dieseltriebwagen der Reihe 5099. Die Hauptlast des Verkehrs trugen aber weiter die Dampfloks, wobei 999.101 im Jahr 1970 zur Schneeberg-Bahn ging.

## Der Stand heute

Mitte der 90er-Jahre wurde die Schafberg-Bahn regionalisiert. Sie kam gemeinsam mit der ÖBB-Wolfgangsee-Schifffahrt unter die Obhut der „Geschäftseinheit St. Wolfgang". Um die Fahrten rationeller, aber doch mit Dampf abzuwickeln, nahm man 1992 die neue ölgefeuerte Dampflok 999.201 von SLM in Betrieb; sie ist für Einmannbetrieb geeignet und kann zwei Vorstellwagen befördern. Nach den Tests gingen 1996 drei weitere Loks in den Dienst. Zudem setzte man neue, in ÖBB-Werkstätten gefertigte Vorstellwagen ein.

Auch heute ist die Schafberg-Bahn ein Publikumsmagnet. Den Grundfahrplan – täglich von Mai bis Oktober – bestreiten die neuen Züge. Bei einzelnen Kursen fahren noch die Originaldampfloks. Die 999.105 wurde 1996 an das Österreichische Eisenbahnmuseum abgegeben; die beiden 5099er dienen als Reserve. Allerdings könnten in naher Zukunft Änderungen bevorstehen. Die ÖBB erwägen, die Geschäftseinheit St. Wolfgang zu verkaufen oder zumindest mit einem Partner zu betreiben. Wolfgang Kaiser

### Loks mit Namen

Seit 1975 tragen die Originaldampfloks der Schafberg-Bahn Namen von Alpenblumen:
999.102 „Enzian"
999.103 „Erika"
999.104 „Bergprimel"
999.105 „Almrausch"
999.106 „Berganemone"
Die 999.101 wurde schon zuvor an die Schneeberg-Bahn abgegeben.

Zurück auf die Adhäsionsstrecke: Nur selten gelangten die Loks der Reihe 1245 der ÖBB in ihren letzten Jahren zu Personenzugehren. 1245 002-9 befördert im Frühjahr 1990 bei Großraming (Strecke Linz – Kleinreifling) den R 3641 durch das schöne Tal der Enns.
Michael Beitelsmann

links oben: Damit beginnt jeder Arbeitstag des Lokführers: Einsichtnahme in die Pläne und Anweisungen, noch vor Dienstbeginn

rechts oben: Kontrolle vor der Abfahrt: Sind Gestänge und Lager intakt, haben die Schmierstellen ausreichend Öl?
alle Bilder: S. Steinmüller/Slg. T. Wunschel

■ Alltag eines Lokführers 1961

# Dienst in Mürzzuschlag

Für den hier dokumentierten zweitägigen Dienst wurde Siegfried Steinmüller diese 52er mit Giesl-Flachejektor zugeteilt

Mürzzuschlag im Juli 1959. Das Heizhaus beherbergt noch in großer Zahl Dampflokomotiven der Reihen 33, 42, 52; auch die kleinen 1`C-Tenderloks der Reihe 91 für die Strecke nach Neuberg sind hier zu finden, zudem wendet die Reihe 78 in dem steierischen Ort. Doch die Idylle trügt. Seit dem 29. Mai wird über den Semmering elektrisch gefahren, die Fortsetzung der Fahrleitung Richtung Graz ist nur noch eine Frage der Zeit. Auf einer Urlaubsreise durch die Steiermark lernt der Regensburger Mediziner Dr. Peter Kristl den Lokführer Siegfried Steinmüller aus Krieglach kennen. Es entsteht

**Dienstag 1: Unterwegs begegnet das Dampflok-Personal der Diesel-Konkurrenz in Gestalt eines „Blauen Blitzes“**

**Die Leistungen des Tages sind erledigt, die 52er hat man versorgt. Zeit für ein Bad, das Abendessen und die Nachtruhe im Schlafraum...**

**Doch allzu lange währt die Pause nicht: Schon im Morgengrauen steht für Lokomotive wie Personal die Heimfahrt an**

**Kritischer Blick auf den Fahrplan: Halten Lokführer Siegfried Steinmüller und sein Heizer die vorgegebenen Zeiten?**

**Pünktlich trifft das Personal mit seiner Maschine in Mürzzuschlag ein. Noch die Lok versorgen, sich waschen – dann geht es nach Hause**

eine lebenslange Freundschaft, getragen von der gemeinsamen Liebe zur Dampflokomotive. Im Jahr 1961 stellt Siegfried Steinmüller eine Bildmappe für den deutschen Eisenbahnfreund zusammen, die den Tagesablauf des Lokführers beim Heizhaus Mürzzuschlag zeigt – konkret: einen zweitägigen Einsatz. Damals bereits als Erinnerung gedacht, ist dies heute umso mehr ein Relikt aus vergangener Eisenbahn-Zeit.

Thomas Wunschel

Lokparade mit Taurus und 1044 in Wels, Mai 2004: Die beiden Reihen tragen heute den Löwenanteil der ÖBB-Zugförderung M. Karell

■ Die Lage der Bahn in Österreich

# Alles neu – alles besser?

*Die Bahnreform hat die Strukturen im Alpenland nachhaltig verändert. Die Österreichischen Bundesbahnen agieren als Unternehmen, etliche Privatbahnen kamen hinzu. Doch mit den neuen Vorsätzen entstanden auch neue Probleme*

Die Neuzeit der österreichischen Eisenbahnen fing im Grunde genommen schon 1992 an, Jahre vor dem Beitritt Österreichs zur Europäischen Union (EU). Das damals verabschiedete Bundesbahngesetz zielte auf eine Umstrukturierung der ÖBB bzw. die Neugestaltung ihrer Rechtsverhältnisse. Das Staatsunternehmen sollte von einer „Verwaltungseinheit in ein kommerzielles Unternehmen" umgewandelt werden, um dadurch frei am Markt agieren zu können.Dazu wurden die Aufgaben im Vorstand neu verteilt, die Generaldirektionen sowie die vier Bundesbahndirektionen neu gegliedert und das gesamte Unternehmen neu strukturiert. Ziele waren unter anderem:

- eine weitgehende Regionalisierung und Dezentralisierung
- die Realisierung eines Besteller-/Ersteller-Prinzips
- die Übernahme der Kosten für gemeinwirtschaftliche Leistungen durch den Besteller
- eine grundsätzliche zweistufige Ablauforganisation
- die Übernahme der Kosten für die Bereitstellung und den Ausbau der Eisenbahninfrastruktur durch den Bund

- die Entrichtung eines Entgelts für die Nutzung der Infrastruktur (IBE).

Der vom Bundesbahngesetz geschaffene rechtliche Rahmen setzte auch schon die wesentlichen Forderungen der EU um. Die Aufnahme Österreichs in die Europäische Staatengemeinschaft folgte am 1. Januar 1995.

## Neuordnung der ÖBB

Die Neuordnung der ÖBB erfolgte unter dem neuen Generaldirektor Dr. Helmut Draxler. Soziale Härten wurden dabei weitgehend vermieden. Gleichzeitig betrieb der Generaldirektor eine offensive Unternehmenspolitik, die das Unternehmen ÖBB im neuen Glanz erstrahlen ließ. Ein Schwerpunkt seiner Arbeit war der Güterverkehr. Tatsächlich gelang es, das Transportvolumen zu erhöhen. Außerdem wurden mehrere Speditionen aufgekauft und eine Speditionsholding gegründet, um Straße und Schiene besser zu verbinden. Mit Erfolg nahm sie den Verkehr mit osteuropäischen Ländern auf. Der zweite Schwerpunkt von Draxlers Arbeit konzentrierte sich auf das Streckennetz: Hier sollten die Mittel effizient verteilt und Baumaßnahmen so dosiert werden, dass die Baumaßnahmen in kürzester Zeit großen betrieblichen Erfolg brachten.

Bei der Neuordnung wurde das Unternehmen in eine Absatz- und eine Infrastrukturseite aufgeteilt; darunter gliederte man die Bahn in einzelne so genannte Geschäftsbereiche, die jeweils einer Seite zugeschlagen wurden. So umfasste die Absatzseite die Geschäftsbereiche Personenverkehr, Güterverkehr, Traktion, Technische Services und Kraftwerke. Zur Infrastrukturseite gehörten die Geschäftsbereiche Netz (vormals Betrieb-Trassenmanagement), Fahrweg, Energie-Netz, Planung und Engineering, Signal- und Systemtechnik, Telekom sowie Gebäude und Anlagen Service. Darüber hinaus bestanden noch zentrale Stabsstellen, überwiegend für administrative Aufgaben: Hierzu zählten die Abteilungen Revision, Recht, Kommunikation und Unternehmensstrategie, weiterhin Controlling/Rechnungswesen, Personal, Einkaufsmanagement, Informatik, Finanzen/Beteiligungsmanagement und Immobilien. Obwohl diese Struktur zunächst eine große Skepsis unter den Bediensteten hervorrief, zeigte sich, dass dieser Veränderungsprozess sinnvoll für das Unternehmen war.

## 400 neue Lokomotiven

Draxler war stark auf eine Erhöhung der Wertschöpfung ausgerichtet. Diese versuchte er zunächst einmal mit der Beschaffung neuer Fahrzeuge. Noch nie zuvor hatte es in Österreich eine solche Zäsur im Triebfahrzeugsektor gegeben. Mit der Beschaffung der „Taurus"-Elektroloks der Reihen 1016, 1116 und später 1216 begann ein neues Zeitalter im „Flottenmanagement". Insgesamt 400 Loks, von Siemens/Krauss-Maffei in mehreren Tranchen ausgeliefert, läuteten einen Generationswechsel im Triebfahrzeugpark der ÖBB ein. Dabei gelang es dem Generaldirektor, einen Teil des Auftrages in das eigene Unternehmen zu lenken, indem die Werke Knittelfeld und Linz mit der Komponentenlieferung bzw. Endmontage betraut wurden. Damit konnte man anstehende Unterkapazitäten vermeiden.

Die Taurus-Familie verdrängte zugleich eine Vielzahl älterer Lokreihen. Betroffen waren nicht weniger als neun Reihen: 1010 (20 Stück, gebaut 1955-58), 1110.0 (30 Stück, 1956-60), 1110.5 (mit 10 Stück, Umbau aus 1110.0; 1974-77), 1040 (16 Stück, 1950-52), 1041 (25 Stück; 1951-53), 1041.2 (4 Stück, Umbau aus 1041.0; 1993), 1141 (30 Stück; 1955-57),

Für den Fall, dass die Strecke am Arlberg eingeschneit wird, gibt es in den Stationen Übernachtungsmöglichkeiten. In Dalaas musste das Bahnpersonal zuletzt Anfang 1999 darauf zurückgreifen MHZ

1043 (10 Stück; 1971-74) und 1046 (mit 25 Stück; 1956-59).

Daneben kauften die ÖBB auch neue Dieselloks: 100 Stück der Reihe 2016 („Herkules") bei Siemens und außerdem 90 Stück der Reihe 2070 bei Vossloh. Diese Modernisierung hinterließ nicht solche Spuren wie bei den Elektroloks, da auf die Altbaufahrzeuge 2043/2143 noch nicht ganz verzichtet werden kann. Jedoch wurden die Reihen 2048 (34 Stück der ehemaligen 211 der DB; 1991-94 gekauft) und 2050 (18 Stück; gebaut 1958-62) abgestellt und die Einsätze der Reihe 2067 (111 Stück; gebaut 1959-77) stark dezimiert.

Eine Modernisierung gab es weiterhin bei den Triebwagen. Die Reihe 4030 (72 Stück; 1956-77)/4130 (4 Stück; 1958) wurden durch Lieferungen des „Talent"

### Österreichs Staatsbahn 1914-2003

| Jahr | Personalstand | Streckenlänge |
|---|---|---|
| 1914 | | 46.000 km (gesamte Monarchie) |
| 1924 | 90.176 | 5.868 km |
| 1930 | 75.559 | 5.811 km |
| 1936 | 52.370 | 5.843 km |
| 1946 | 104.830 | 5.910 km |
| 1950 | 84.962 | 5.978 km |
| 1960 | 82.095 | 5.965 km |
| 1970 | 75.038 | 5.901 km |
| 1980 | 72.577 | 5.847 km |
| 1990 | 66.929 | 5.624 km |
| 2000 | 50.692 | 5.683 km |
| 2001 | 48.509 | 5.683 km |
| 2003 | 47.503 | 5.656 km |

Noch fahren die Schnelltriebwagen 4010 auch im IC-Dienst (Bild bei Liezen); ihre Tage im hochwertigen Fernverkehr sind jedoch gezählt

M. Karell, W. Kaiser (u.)

(ET 4023 und 4024) endgültig abgestellt; neu im Bestand sind außerdem 20 Stück des Siemens-Desiro als VT 5022.

## Zugang für Privatbahnen

In den 90er-Jahren erfolgte zudem die Öffnung des Schienennetzes für Dritte in Österreich. Zahlreiche Privatbahnen nutzten die Möglichkeit des so genannten Open Access und akquirierten Verkehrsleistungen; etliche neue Verkehrsunternehmen wurden gegründet. 1999 wurden die ersten Freeways (grenzüberschreitende Güterzugtrassen) geschaffen und 2001 wurde das erste ausländische Eisenbahnverkehrsunternehmen auf Österreichs Schienen (RTC/Lokomotion) heimisch. Heute bereichern die „Privaten" das Bild auf dem Streckennetz nachhaltig. Konflikte um die Trassenvergabe gibt es dabei nicht; vielmehr verstanden es die ÖBB in mustergültiger Weise, das Gleichbehandlungsprinzip beim Netzzugang anzuwenden. Ein Novum stellt der Personenzugverkehr der DB Regio AG seit Februar 2001 im Außerfern dar; die ÖBB wollten diesen nicht mehr führen, woraufhin das Land Tirol den Auftrag an die Deutsche Bahn vergab.

## Erneuter Umbau der ÖBB

Weitreichende Änderungen im System Eisenbahn und vor allem bei den ÖBB gab es mit dem Regierungswechsel im Jahr 2000; nun folgte ein politisch motivierter Umbau des Unternehmens. Helmut Draxler wurde durch Rüdiger vorm Walde ersetzt. Der vormalige Aufsichtsrat der ÖBB und ex-Generaldirektor der Berliner Verkehrsbetriebe wollte dem Unternehmen vor allem im Personenverkehr eine neue Note geben. Es sollte vieles besser werden, insbesondere im Fernverkehr. So wurden „Upgrading"-Wagen eingeführt – ein Konzept, das leider nur viel zu halbherzig umgesetzt und verfolgt wurde.

Hinter dem Begriff verbirgt sich eine groß angelegte Modernisierung des Fernverkehrwagenparks; sie läuft seit Frühjahr 2003 in den ÖBB-Werken Floridsdorf und St. Pölten. Am auffälligsten ist dabei die neue Lackierung in mehreren Grau-Tönen. Auch das Innenleben wurde verändert: Die 1. Klasse erhielte Sitze mit schwarzem Lederbezug und Business-Abteile mit nur vier Sitzplätzen. Auch die 2. Klasse wurde neu gepolstert. Die Wagen wurden mit neuen WC-Anlagen ausgestattet, mit Steckdosen für 230 V und verbessertem Empfang für Mobiltelefone.

Aus politischer Sicht sollten die ÖBB nach Vorbild des deutschen Nachbarn mit modernem Management ausgestattet werden. Folglich sah das Bundesbahngesetz 2003 die Schaffung einer neuen Organisationsstruktur mittels einer Holding-Lösung vor. Die ÖBB Holding selbst besteht aus der Konzernrevision, der Rechtsabteilung, der Konzernkommunikation, der Strategischen Steuerung, Rechnungswesen/Controlling und Corporate Treasury.

Der Holding sind mehrere Töchtergesellschaften angegliedert:

- die ÖBB Dienstleistungs GmbH (vormals Personal)
- die ÖBB Infrastruktur Betriebs AG (vormals Netz, Fahrweg, Signal- und Systemtechnik und Energie)
- die ÖBB Bau AG (vormals Planung und Engineering, Energie-Netz sowie die HL-AG) mit den Tochtergesellschaften Brenner-Eisenbahn-Gesell-

Aus dem Siemens-Lokpool haben die ÖBB vier Mehrsystem-Elloks, Bauart ES 64 F 4, angemietet; bei der DB fahren die Loks als 189

schaft mbH und ÖBB Immobilien Management GmbH
- die Rail Cargo Austria AG (Güterverkehr) und
- die Personenverkehrs AG mit ihrer Tochter ÖBB Postbus GmbH.

Die ÖBB Traktion GmbH und die ÖBB-Technische Services GmbH sind gemeinsame Tochtergesellschaften von Personenverkehr und Güterverkehr von jeweils 49 bzw. 51 Prozent.

## Struktur mit Schwierigkeiten

Im Alltagsbetrieb aber erwies sich diese Struktur als unflexibel, waren doch viele neue Gesellschaften entstanden, die sich mit ihren Führungsebenen eher gegenseitig zu behindern denn zu fördern scheinen.

Auch in der Bilanz schnitten die ÖBB zuletzt nicht gut ab: Im Jahr 2005 sank die Servicequalität rapide, die Personenverkehrs AG dürfte das Jahr mit einem Minus von 200 Millionen Euro abgeschlossen haben.

Fehlentscheidungen in den einzelnen Geschäftsbereichen sind dabei nicht mehr so eindeutig zu korrigieren. Denn das Aktienrecht, dem die ÖBB nun unterliegen, verhindert ein Durchgriffsrecht, wie es zuvor existiert hat. Somit konnte jeder Vorstand der vier großen Aktiengesellschaften relativ frei entscheiden; der Holding, die grundsätzlich die strategische Stoßrichtung für die Zukunft vorgeben sollte, waren die Hände gebunden.

Eine erste Änderung der Verhältnisse ergibt sich möglicherweise nach der Aufsichtsratssitzung vom Februar 2006. Befristet wurde ein Holdingvorstand zwei Tochtergesellschaften – der Personenverkehrs AG und der Rail Cargo Austria AG – vorangestellt; damit sollen diese eine einheitliche Ausrichtung erhalten und Synergien besser nutzen.

Optimierungsbedarf besteht zudem in anderen Abteilungen, teils mit hausgemachten Problemen: So wurden immer mehr Leistungen nach außen vergeben, obwohl man einfache Ingenieurstätigkeiten auch intern hätte erledigen können. Noch mehr gilt dies für das Reinigungspersonal; diese Leistungen wurden zugekauft, blieben in der Qualität aber weit hinter dem bisherigen Standard zurück.

Immer mehr Bundesländer konstatieren daher ein Versagen der Bahnreform – zumindest, soweit sie die ÖBB betrifft. Doch ob sich in nächster Zeit daran auch etwas ändert, das bleibt abzuwarten.

MARKUS INDERST

Beim Nahverkehr haben die ÖBB ihren Bestand ebenfalls aufgestockt, unter anderem mit Desiro-Triebwagen von Siemens H. Stattmann

Kraftpaket „Euro Runner“: 2016.039 in Graz H. Pfoser

Nzhs.
Wien I
Nzhs.
Wien I

Glanzzeit der österreichischen Dampftraktion: Eine 310 wartet mit einem Schnellzug in Wien Westbahnhof, aufgenommen in den 30er-Jahren. Slg. T. Wuschel

12
11